国家社科基金
GUOJIA SHEKE JIJIN HOUQI ZIZHU XIANGMU
后期资助项目

网络时代的科学交流体系研究

Research on Science Communication System in the Network Age

丁大尉　著

中国社会科学出版社

图书在版编目（CIP）数据

网络时代的科学交流体系研究/丁大尉著．—北京：中国社会科学出版社，2017.9
ISBN 978－7－5203－0859－5

Ⅰ．①网…　Ⅱ．①丁…　Ⅲ．①互联网络—影响—科学技术—文化交流—研究　Ⅳ．①G321.5

中国版本图书馆 CIP 数据核字(2017)第 208674 号

出 版 人　赵剑英
责任编辑　王　曦
责任校对　王纪慧
责任印制　李寡寡

出　　版　中国社会科学出版社
社　　址　北京鼓楼西大街甲 158 号
邮　　编　100720
网　　址　http：//www.csspw.cn
发 行 部　010－84083685
门 市 部　010－84029450
经　　销　新华书店及其他书店

印　　刷　北京君升印刷有限公司
装　　订　廊坊市广阳区广增装订厂
版　　次　2017 年 9 月第 1 版
印　　次　2017 年 9 月第 1 次印刷

开　　本　710×1000　1/16
印　　张　12
插　　页　2
字　　数　215 千字
定　　价　56.00 元

国家社科基金后期资助项目

出 版 说 明

后期资助项目是国家社科基金设立的一类重要项目，旨在鼓励广大社科研究者潜心治学，支持基础研究多出优秀成果。它是经过严格评审，从接近完成的科研成果中遴选立项的。为扩大后期资助项目的影响，更好地推动学术发展，促进成果转化，全国哲学社会科学规划办公室按照“统一设计、统一标识、统一版式、形成系列”的总体要求，组织出版国家社科基金后期资助项目成果。

全国哲学社会科学规划办公室

序

随着计算机、互联网和数字技术的迅速发展，人类社会已进入了网络时代，当代科学知识的生产方式也随之发生了深刻的变革，科学研究和学术交流不断获得新的工具和平台，科学活动面临着更为开放的环境，同时也重构了当代社会知识和信息资源的分布格局，形成了科学知识生产过程中新的利益关系和社会结构，很大程度上将有可能引发整个科学系统的变革。研究这种变革及其影响，具有重要的学术价值，也对推进科学的发展和我国建设世界科学强国具有重要的实践意义。

20 世纪 90 年代后期，特别是 21 世纪之后，互联网、现代数字技术对当代科研方式的影响日益增强，尤其是近年来，越来越成为学术界关注的重要方面。21 世纪初，人们比较关注 e－Science、Web of Science 等方面的问题及其影响，提出了网络科学、赛博科学等概念。如经济合作与发展组织（OECD）相关报告指出，“包括硬件、软件和网络等技术在内的信息通信技术的发展正逐渐改变着当代科学系统的面貌”。海恩（Hine）等学者认为，“信息通信技术正通过存储科学数据、完成实验分析、进行分工协作等方式改变科学知识生产活动的现有结构”。伯格曼认为，数字化、网络化等特征已经嵌入到科学知识生产的所有环节，并塑造着科学共同体的新形态。与此同时，学术界和政府都注意到了商业力量介入对科学知识“公有性”的冲击，国际科学界对“开放存取”理念的维护和倡导，以及开放获取期刊的出现带来的深刻影响等。

近年来，人们对该问题的认识不断深化。一方面，人们更为系统和深刻地认识到了网络技术等科学系统的影响，提出了 Science2. 0 的新概念，以表明与传统科学的深层次区别。如 2014 年欧盟委员会召开了以“Science2. 0：Science in Transition”为主题的讨论会，认为“Science2. 0 是科学体系正在经历的变革，这种变革包含科研产出的极大增长、数据密集型科学，还有研究人员的迅速增长（这其中包括参与科学项目的公众）”。另一方面，云计算、大数据技术对科学研究方式的影响成为人们关注的新焦点，特别是2009年计算社会科学等概念的提出，使得这种科学知识生产方式变革的影响扩大到了社会科学领域。

国内学术界在引介和跟踪国外研究前沿的同时，对现代通信技术对科研方式的影响、网络环境下科学共同体的重构，以及网络时代科学研究中的“数字鸿沟”、开放科学等相关问题展开了研究，取得了一些有价值的研究成果。但总体上看，我国对网络时代科学知识生产方式变革及其影响的系统研究还比较薄弱，仍处于初级阶段，与国际水平尚存在一定的差距，也滞后于实践的发展，亟待深化。

在此背景下，丁大尉博士进行了有益的积极探索。丁大尉于2008年考入清华大学，攻读科技哲学方向的博士学位，鉴于他有计算机科学的教育背景，我希望他能够结合自己的知识优势，对网络环境下科学交流体系面临的新挑战展开研究，确定了他博士学位论文的选题。毕业之后，他继续朝着该方向坚持不懈地展开了进一步的探索。因此，其著作《网络时代的科学交流体系研究》既是对其博士期间工作的总结提升，也反映了近年来他在该领域不断深化研究的成果。

丁大尉在写作的过程中查阅了大量的一手文献，本书综合运用了案例分析、比较研究、问卷调查等研究方法，通过缜密的理论阐释和案例研究，论述了当代科学交流体系中数字知识资源分布与传播的新特点，数字知识的垄断与反垄断的冲突，信息资源的广泛性与商业、技术等因素造成的稀缺性之间的“信息鸿沟”，以及对科学共同体行为规范的挑战，同时也就科学交流体系的变化如何影响科学知识的生产方式等问题展开了比较系统的案例分析。

总体上看，本书具有三个特点。第一，引入STS的分析视角，系统地研究了网络时代科学交流体系的重构和演变问题，力图将科学社会学、科学哲学和科学政策等不同学科视野下的问题整合起来进行考察。STS研究视角的引入是一个新的尝试，为打破传统学科的边界、开展有新意的研究提供了可能。第二，在探讨当代科学交流体系面临的新挑战的过程中，细化了科学交流体系中不同行动者之间的关系，将科学交流的体制和机制置于科学共同体、政府与企业、社会交互作用的关系之中进行研究，尤其是选择了NIH、arXiv等最能体现当代数字知识资源重构的个案进行深入分析，对进一步理解当代科学交流体系的新特点很有帮助。第三，将我国当前不同层级科学家数字知识资源获取能力的现状，与国外“开放获取”政策实施进行了有深度的比较研究，深入探讨了我国在构建具有一定影响力的在线数字知识资源库中的优势和劣势，不仅具有学术意义，对于我国相关政策的制定也具有重要的参考价值。

丁大尉为人质朴、诚恳，为学勤奋、严谨，这种品质尤为可贵。在本研究的基础上，他也对未来在该方向的进一步探索有了新的规划，这体现了青年学者的责任和担当。我希望他能够进一步扩大视野，潜心研究，在此领域取得更多更好的成果。同时我也期待能有更多学者关注网络时代科学知识生产方式变革的问题，以推动我国这一领域的研究不断拓展和深入。

李正风

2017 年 4 月于清华园

目 录

第一章　作为一个学术议题的“当代科学交流体系”

第一节　网络环境下当代科学交流体系的演化

一　当代科学交流体系的新变化与新问题

科学交流是科学知识生产过程中的重要环节，承载了知识流动、知识扩散和知识评价的重要功能，特定时期的科学交流实践在一定程度上反映了不同时期科学知识生产的历史性特征[①]，“从科学家之间交换消费知识并在此基础上进行科学知识再生产的意义上讲，充分的科学交流不仅意味着科学知识的高效利用，而且意味着高效的科学知识再生产”[②]。最近几十年来，随着网络通信技术的飞速发展，科学交流实践活动也实现了数字化和网络化，网络 PC、电子邮件、在线和离线数据库、讨论列表和新闻组、视频会议、数字图书馆甚至“知识机器人”等新技术已经渗入了科学交流的各个环节，“包括硬件、软件和网络等技术在内的 ICT（Information and Communication Technologies）的发展正逐渐改变着科学系统的本来面貌”[③]，网络通信架构也“使信息高速流动、高度共享成为可能”[④]。

世界范围内的网络通信架构正将全球的科学家联结成一个新的科研共同体，而在线数据库等网络资源则已经成为塑造当代正式科学交流方式的重要技术形式。赫纳德曾将电子化的通信方式与“人类历史上的三次革

---

① Nentwich M., *Cyberscience: Research in the Age of the Internet*, Vienna: Austrian Academy of Sciences Press, 2003.

② 李正风：《科学知识生产方式及其演变》，清华大学出版社 2006 年版，第 318 页。

③ OECD, *Science, Technology and Industry Outlook* 1998, Paris, 1998: 9.

④ 曾国屏、李正风：《赛博论 · 赛博空间 · 社会和文化变革》，《哲学动态》1998 年第 5 期。

命”即“语言、写作与出版”做过类比，认为该技术的应用对于科学交流的影响是革命性的；沃特在此基础上提出，“网络化的科学不仅是超学科的，同时也正改变着学科概念的核心理念，该理念可以引导我们更好地理解科学家科研行为的变化”①。其一，在线数据库等新技术正不断塑造着当代科学交流体系。在新技术的推动下，知识共享模式呈现出很多新的特点；其二，新技术的使用不仅提高了知识生产的速度，而且增强了科学知识内容的建构特征。在社会—技术互动的框架中考察科学交流活动，是把握当代科学知识生产的实践特征的积极有效的尝试。

网络技术为科学共同体构建了一个全球范围的数字学术资源网络，极大地提高了科学家的信息检索能力。但是随着商业力量介入科学交流领域，网络技术却逐步成为出版商获得垄断利润的重要手段，科学界学术资源的配置表现出了极大的不对称，不同机构、不同地域甚至不同国家之间的“数字鸿沟”（Digital Divide）将相当一部分科学家排斥在前沿学术信息之外，学术资源占有的不平衡导致他们之间科学知识生产能力的差距不断增大。在此背景下，20 世纪末 21 世纪初，在科学共同体的努力以及高校、科研机构、科学组织、政府部门和公众的共同推动下，科学界爆发了一场旨在打破科学信息商业垄断的开放获取运动②。时至今日，该运动已经对科学交流活动产生了深刻的影响。

随着网络技术对于当代科学交流体系塑造的日益展开，以及学术资源配置问题对于科学家知识生产能力影响的日益显化，科学界不得不重新思考新技术对于科学交流体系的重构以及这种重构的后果。其中，比较直观的问题包括：

第一，网络环境下当代科学交流的新范式究竟对当前的科学知识生产活动产生了哪些影响？不管从经验研究还是从统计计量方法来看，一种基于网络技术的学术交流范式正在逐步得以构建③。网络技术所构建的新的知识存取方式和学术评价方法深刻改变了科学交流体系的基本面貌已是不

---

① Wouters P., Vann K., Scharnhorst A., Ratto M., Hellsten I., Fry J. and Beaulieu A., *Messy Shapes of Knowledge – STS Explores Information, New Media, and Academic Work*, The Virtual Knowledge Studio, in Hackett E. J., Amsterdamska O., Lynch M. and Wajcman J. Eds. *The Handbook of Science and Technology Studies*, MIT Press, 2008: 319 – 352.

② Frandsen T. F., *Scholarly Communication Changing: The Implications of Open Access*, Royal School of Library and Information Science, Denmark, 2009.

③ Kling R., McKim G., “Not Just a Matter of Time: Field Differences and the Shaping of Electronic Media in Supporting Scientific Communication”, *Journal of the American Society for Information Science*, 2000 (14): 1306 – 1320.

争的事实，但是，网络技术给当代学术交流活动到底产生了哪些正面和负面影响？从哲学方法论角度看，这些影响给我们的科学研究活动带来了哪些方法论启示？在技术与社会互动的过程中，新技术与新体系是如何相互建构的？这种建构表现在哪些方面？

第二，网络技术对于当代科学交流体系的重构带来了新的社会问题，学术资源分布的不对称使科学交流中的“数字鸿沟”不断扩大，那么导致“数字鸿沟”出现的社会根源是什么？它究竟对科学知识生产活动产生了怎样的影响？工具论的技术观显然不能解释网络技术对于学术交流活动的全部作用，而“社会—技术”的互动理论解释了科学交流实践深刻的社会规定性（Ji－Hong Park，2008）。知识资源分配的不均衡背后隐藏着不同利益相关者的经济利益纷争，他们在不同层面的交互作用中共同推动着当代科学交流模式的演变，这种纷争直接表现在他们之间复杂的利益博弈和权力斗争关系上。那么网络技术是如何干预科学界的知识资源配置状况的？造成科学交流活动中新的信息壁垒的社会根源是什么？

第三，“开放获取”等知识共享机制已经被视为打破学术信息商业垄断的有效途径，但它们同样引起了社会各界的广泛争论。那么，基于网络的开放共享机制存在的合理性是什么？“开放获取”模式能否成为基于网络技术的新的科学交流模式？科学信息的商业垄断已经严重危害到当前的科学交流活动，开放获取则明确倡导学术信息共享的交流理念[①][②]。那么，开放获取存在的合理性和可行性是什么？其运作过程是否与知识经济时代的版权制度相冲突？如何实现科学知识产品的知识产权向科学共同体的“回归”？基于网络的知识共享策略对于科学交流活动究竟产生了哪些影响？在全球范围内探索合理的开放获取政策、实现科学信息自由共享的大背景下，我们应该如何看待新的知识共享策略可能带来的新问题？

二　本议题的研究意义

（一）从现实层面看

随着网络技术环境下全球学术资源的日益聚敛，数字学术资源已成为科学共同体资源禀赋的重要构成，也成为国家科研竞争力甚至科学创新能

---

① Dominguez M. B.，“Economics of Open Access Publishing”，*Serials Review*，2006（1）：52－60.

② Hajjem C.，Harnad S. and Gingras Y.，“Ten－Year Cross－Disciplinary Comparison of the Growth of Open Access and How it Increases Resarch Citation Impact”，*IEEE Data Engineering Bulletin*，2005（4）：39－47.

力的重要保障①。网络技术一方面加速了全球范围内知识的流动和扩散，另一方面基于网络的知识垄断经营策略已经造成了科学交流中的新壁垒。巨额的购买经费已成为很多科研机构沉重的负担，并且影响了发展中国家获得前沿科学信息的能力，导致它们与发达国家的知识生产能力的差距不断加大②，新技术的应用使得发展中国家在科学交流活动中更加被边缘化。

学术信息共享对于我国这样仍处于追赶阶段的科学后发国家具有更为重要的意义。近些年来，随着我国科学知识生产能力的提高，国外数据库出版商不断提高学术资源的对华销售价格，导致了我国科学界与国外数据库出版商的长期争斗。Elsevier 数据库 2008 年和 2010 年连续两次大幅度提价行为一方面反映了我国科学界对于国外学术资源数据库的依赖现状，另一方面也反映了国际知识产权体系对于发展中国家学术信息共享的制约。

如今，包括中科院在内的很多科研机构正积极参与开放获取运动，努力推动开放资源数据库的建设。在国外强制性获取政策的大量出台和我国科学家群体的相对漠视形成鲜明对比的情况下，系统梳理科学共同体、图书馆、科研机构以及政府部门不同的社会责任，厘清“开放获取”等知识共享机制的实质及其可能的实现路径，结合我国特殊的科学发展阶段挖掘可能的政策学意蕴，对于促进我国科学家的知识获取能力乃至提升科学知识生产能力均具有重要的现实意义。

（二）从理论层面看

当前的学术交流方式仍处于持续的变革之中，包括开放获取在内的新的交流实践的全部功能还未完全彰显，预见甚至评价在线知识资源库等新技术的全部社会功能还为时尚早。在这种背景下，对该问题进行必要的理论研究显得更为重要。目前国际上对于信息技术与学术交流关系问题的研究已有很多，但多分布于图书情报学、传播学、信息管理学等领域。长期以来历史方法与批判视角的缺失导致我们对于新的交流实践的认识存在诸多不足，新的交流环境的复杂性和流变性却亟须我们对相关问题进行新的思考。从 STS（Science and Technology Studies）的多维度和批判性视角展开研究则可以在丰富已有研究的基础上，为我们带来新的方法论启示。

本书试图基于社会—技术互动的观点，从知识的商业垄断与反垄断的

---

① Lawlor B.，“Abstracting and Information Services：Managing the Flow of Scholarly Communicaton—Past，Present，and Future”，*Serials Review*，2003（29）：200 – 209.

② 李春旺：《网络环境下学术信息的开放存取》，《中国图书馆学报》2005 年第 1 期 。

视角考察网络技术对于科学交流体系的塑造问题，并对此塑造过程中不同行动者的交互作用进行了批判性反思。通过对科学信息合理的保密行为和商业垄断的分析，指出了两者的重要差别，为开放获取的可行性和合理性提供了有效辩护。同时在辨析传统的知识“公有性”规范及开放获取的“开放性”要求的基础上，提出了它们在四个维度上的重要差别。研究中还发现，开放的交流环境为科学知识生产活动提供了多主体参与的平台，单向的知识传播变为多向的知识磋商，科学知识的“建构”过程更加复杂。

网络技术已经使科学交流实践环境发生了变革，甚至影响到了整个科学知识生产方式。国外已经出现了不少一直致力于该问题域的研究机构，比如印第安纳大学的社会信息学研究中心 RKCSI（Rob Kling Center for Social Informatics），荷兰特温特大学的科学、技术与政策研究中心，等等。有些企业甚至专门成立了关注网络通信时代科学研究的新特点的研究团队，比如微软公司成立的以 Tony Hey 为首的研究小组，等等。网络技术催生的科学交流模式的变革是一个很好的 STS 研究命题，非常有必要加强理论上的分析和研究。

第二节　国内外研究现状及相关问题域

一　国外研究现状

按照不同的划分标准，科学交流可分为正式交流与非正式交流、公共交流与私人交流等不同类别。很多著名学者都曾对此问题展开过研究，但限于他们生活的年代，其所研究的问题主要集中在科学交流的组织结构、系统功能、载体类型等方面。网络技术出现之后，关于网络载体对于各种交流方式的整合的研究日渐增多。实际上，被誉为科学学奠基人的贝尔纳（J. D. Bernal）很早就意识到了科学交流的重要性，在其所著的《科学的社会功能》中曾就四个方面论述过该问题。一是科学交流中正式出版物的职能问题，并提出了一个完善的交流制度必须遵循的三个原则；二是科学界交流的国际性和统一性问题；三是个人接触即非正式交流对于科学思想交流的重要性问题；四是科普工作对于知识传播和普及的作用。贝尔纳甚至认为，“行政或财务改革还不能解决改组科学的问题。还有必要全面改组科学交流的整个机构"①，预言了科学交流中的政策设计问题。普赖斯最先利用统计计量的方法对科学交流中期刊和文献的增长问题进行了统计分析，尽管其主要目的是研究科学发展的一般规律，但他所用的目录索引及引用分析等计量方法实际上开创了利用计量学研究科学交流问题的先河。另外，普赖斯本人还研究过科学交流中的优先权、不同层次的科学家的论文生产率等问题。著名科学社会学家克兰（Diana Crane）则认为科学交流是科学整体结构的一部分，并对科学交流体系进行了分类，认为科学交流是由复杂易变的研究前沿的非正式交流与较为稳定的正式交流的互动组成的，科学共同体的所有成员都处于科学交流网络中并不断寻觅各种信息源。苏联著名的科技情报学家米哈伊洛夫等的著作《科学交流与情报学》奠定了图书情报领域研究科学交流问题的理论基础。米哈伊洛夫本人认为现代科学正遭遇着严重的情报危机，他研究了科学出版物的增长、老化和离散规律，并对科学情报工作进行了分析与综合，认为科学交流过程实际上是一个"整体化的情报系统"②。美国社会学家门泽尔在此基础上提出了信息交流的过程论，兰开斯特则指出人类正走向基于网络的"无纸情报系统"。

尽管这些著作年代已经比较久远了，但相关研究成果对于我们今天的研究工作仍旧非常重要。自 20 世纪 70 年代网络技术日益普及以来，对于网络环境下的科学交流方式，特别是网络技术对于正式科学交流产生的巨大影响的研究日益增多。但是，笔者通过检索 Elsevier、Jstor 等数据库发现，已有文献的研究视角过于发散，所关注的问题也不集中，尚未形成较为成熟的分析框架。总体来看，已有研究主要集中在以下几个层面：

第一，反思和总结过去，聚焦于新的科学交流实践模式的研究。

此类研究将科学交流看作一个动态的、有序的社会过程，并且往往在与其他社会系统的相互作用中考察其历史特征。加维研究了科学知识生产过程中科学交流的角色问题，期刊文章的预出版和出版后的扩散问题，以及科学交流中作为社会科学家的图书管理员的功能问题等，他认为，"科学交流涉及科学家之间复杂的交互行为，科学家按照某种规则扩散他们的成果……而科学交流体系的主要构成则是整个社会组织"③。希奈研究了

---

① ［英］贝尔纳：《科学的社会功能》，陈体芳译，广西师范大学出版社 2003 年版，第 341 页。

② ［前苏联］米哈伊洛夫等：《科学交流与情报学》，徐新民等译，科学技术文献出版社 1983 年版，第 371 页。

③ Garvey W. D.，*Communication*：*The Essence of Science*，Pergamon Press，1979：151.

网络技术环境下科研信息的共享、新的合作方式的出现等问题，认为网络科学并不是一项孤立的事业，它贯穿于具体学科的各个层面，并从STS视角证明了交流主体之间的交互复杂关系①。两位学者的研究尽管处于不同时代，但他们都试图在科学交流体系与其他社会系统的关系中考察不同行动者的目标指向，对我们研究网络环境中的知识共享策略带来了重要的方法论启示。

很多学者试图从网络空间的虚拟现实性角度解决当代科学交流实践问题。克林则认为在线数据库等网络资源是一种新的交流实践模式，并提出了信息获取的公开性、介入性和可信任性三个原则②。他通过对电子期刊系统的研究，得出了科学交流媒介正不可避免地向数字媒体转移的结论，认为网络出版将是未来主要的出版形式③。克林还提出，我们正处于电子化革命的早期，技术的社会塑造SST（Social Shape of Technology）理论是理解科学交流模式变革的有效视角。伯格曼认为在线知识资源库等新技术正将学术界推向一个交叉路口，学术交流中同时存在着连续性与不连续性两种趋势，并且这两种趋势之间的张力也带来了新的利益分配问题，网络科学则将会在不断的碰撞中逐步走向汇合④。

总体来看，该问题域的研究以经验研究为主，且多聚焦于具体问题，比如边缘科学家利用网络知识资源的方式、远程获取技术对于学术交流的影响等，同时统计和计量学的分析也为该类研究增添了较为深远的实证意蕴。

第二，主张打开“技术黑箱”，从微观上进行新的科学交流环境中不同主体行为特征的研究。

很多学者一直致力于为网络中的学术交流实践提供可能的理论支持，其中最主要的视角是对于网络技术载体带来的交流活动的新品质的解释。科学知识社会学家伍尔加认为，当新技术开始进入主流系统并产生决定性影响时，其“规则”只是建议性的，并不具有强制性，但在之后的塑造过

---

① Hine C., *Systematics as Cyberscience – Computer, Change, and Continuity in Science*, MIT Press, 2008.

② Kling R., McKim G., “Scholarly Communication and the Continuum of Electronic Publishing”, *Journal of the American Society for Information Science*, 1999（10）: 890–906.

③ Kling R., McKim G, “Not Just a Matter of Time: Field Differences and the Shaping of Electronic Media in Supporting Scientific Communication”, *Journal of the American Society for Information Science*, 2000（14）: 1306–1320.

④ Borgman C. L., *Scholarship in the Digital Age—Information, Infrastructure, and the Internet*, MIT Press, 2007.

程中则会逐渐形成固定的组织规则。他认为网络技术建构的赛博[①]空间具有五个方面的特点：一是新技术的使用严重依赖于本地的社会关系；二是与新技术相关的担心和困难在社会中的分布并不均匀；三是虚拟技术是弥补而不是代替了现实行为；四是更多的虚拟本质上是更多的真实；五是更多的全球化意味着更多的本地化[②]。这些特点表明，不管是从地域还是从学科来看，网络知识资源对于学术交流活动的塑造都是不均衡的，通信的多样性和交流的异质性将会是科学交流持久的特征。

为网络环境下的科学交流机制乃至科学知识生产模式的变化寻求理论解释也构成了本书的重要研究背景。海默瑞克斯认为网络环境下的科学知识生产活动已经表现出了很多新特征，比如学科际性、聚焦于应用、异质性的行动者以及大量不同的知识产出等[③]。从 STS 的视角来看，不仅当代科学交流的结构和功能发生了很大调整，而且新的交流模式还将知识展现为一种新的权力形式，体现出知识经济时代强烈的“知识资本”特征。载曼将科学社会学的结构功能主义理论（Saussure，Giddens）和科学知识社会学的行动者网络理论（Callon，Latour）融合为一种新的结构—网络—系统理论，以此来描述网络环境下的科学交流过程。他所定义的“结构”指的是通信系统的参数，“网络”表明了行动者间的相互关系[④]。从该理论出发，如果新技术是促进科学交流方式变革的主要力量，那么科学交流和评价活动便拥有了更加广阔的经济和社会语境。

另外，罗斯伯姆（Rosenbaum，1996）在 Taylor 的信息使用环境理论和 Giddens 的信息社会的连续性理论的工作基础上从理论和经验两个方面说明了信息被产生、搜索、获取、评估、组织、分发和使用的社会语境，研究了网络技术在改变这一语境中所发挥的作用。作者把这种基于网络技术的新的科研环境称为“信息使用环境”，强调了信息世界的复杂性和科学家行为模式转变的深刻性，为本书提供了重要的方法论参考[⑤]。

---

① 曾国屏和李正风是国内较早研究赛博空间的学者，具体来说，赛博空间指的是以计算机技术、通信网络技术、虚拟现实技术等为基础的，具有超强的信息存储和计算能力的社会生活和交流空间。

② Woolgar S.，*Virtual Society? Technology，Cyberbole，Reality*，Oxford University Press，2002.

③ Heimeriks G. J.，*Knowledge Production and Communication in the Information Society：Mapping Communications in Heterogeneous Research Networks*，PhD Dissertation，University of Amsterdam，2005.

④ Zelman A. G，*Mediated Communication and the Evolving Science System：Mapping the Network Architecture of Knowledge Production*，The University of Amsterdam，2002.

⑤ Rosenbaum H，In the Trenches of the Digital Revolution：Intellectual Freedom and the “Public” Digital Library，ASIS MidYear Conference：Contributed Paper，1996.

在线数据库等网络资源对于当代科学交流体系的塑造是一个新的研究领域，以上理论给出了不同层面的解释。本书希望从社会—技术互动的视角对其进行考察，进而把握此过程中不同行动者间的互动关系。

第三，关于新的科学实践环境的多维度交叉研究。

此类研究尤其关注新的科学交流实践可能带来的经济、法律等社会问题。网络技术引发的科学交流体系的变革是一个复杂的社会—技术（Sociotechnical）交互作用过程，“随着知识共享和出版机制的改变，科学交流体系中利益相关者的关系也随之发生改变”①。对于如何理性地看待这场变革带来的社会问题，如何更好地捕捉新技术革命所带来的机遇和挑战，很多学者已经进行了相关研究。

科学交流方式的变革必然带来相关的经济、法律等方面的问题。尼特彻通过问卷调查、专家访谈等经验研究认为，当前的学术界正处于新旧两种交流范式的更迭之中，以互联网为代表的新技术正逐步建构一个新的学术共同体②。新的交流范式必然对后学院科学中的传统规则构成挑战，比如知识产权体系将被重新构建。弗拉认为，通过网络进行学术交流的恰当性是由科学研究特殊的社会文化内涵所决定的，知识并不是均匀一致的整体，而是异质性领域的拼凑物，它们具有智识和社会两个维度的文化内涵，所以科学交流方式的考察离不开相关社会问题的解决③。该研究有力地说明了开放获取运动对于社会文化力量的依赖性。

对于在线知识资源库的分布与科学知识生产能力之间关系的研究也已成为该领域的一个研究热点。布鲁克斯等研究了发展中国家与发达国家之间正在出现的严重的“数字鸿沟”，比如信息基础设施建设落后、科学家缺乏计算机操作技能等，并认为这种情况已经严重制约了发展中国家的知识生产能力④。通过研究，作者发现，学术数据库将是缩小“数字鸿沟”的一种可行方式，但需要为之配备良好的使用“软环境”，比如科学家的获取范围、操作技能、分析能力等。弗朗森在其博士论文《学术交流的变化与开放获取的意涵》中考察了不同学科中网络知识资源的使用情况及其

① Borgman C. L. , *Scholarship in the Digital Age—Information, Infrastructure, and the Internet*, MIT Press, 2007: 55.

② Nentwich M. , *Cyberscience: Research in the Age of the Internet*, Austrian Academy of Sciences Press, 2003.

③ Fry J. , “The Culture Shaping of ICTs within Academic Fields: Corpus - based Linguistics as a Case Study”, *Literary and Linguistic Computing*, 2004 (3): 303 - 319.

④ Brooks S. , Donovan P. and Rumble C. , “Developing Nations, the Digital Divide and Research Databases”, *Serials Review*, 2005 (31): 270 - 278.

与科学知识产出的关联关系①。作者运用计量学的方法对几种典型的开放数据库进行了实证研究，比较分析了科学界中商业数据库和开放数据库的使用情况，以及与特定时期特定地域中科学家的知识产出间的关联关系。在此基础上，他认为发展中国家将比发达国家更大程度地从开放数据库中受益。

另外，詹科斯基（Jankowski，2009）研究了 CMC（计算媒体通信）环境下学术交流实践方式的变化②；科斯塔（Costa，1999）研究了网络技术对社会科学交流模式的影响③。在线知识资源所引发的当代学术交流中的社会问题是一项涉及科技活动的认识论、实践论、建构论等不同理论的综合命题，技术因素对于科学交流活动的作用也不仅是技术扩散的问题。只有综合把握利益相关者间的互动关系、技术因素与社会因素之间的矛盾共生关系，才能真正认识当代科学交流活动的独特性与复杂性。

第四，开放获取等新的知识共享机制的前沿研究。

此类研究尤其关注新技术与科学共同体的互动问题。开放获取作为一种缩小科学界的“数字鸿沟”的有效途径已经引起了不同领域的学者的广泛关注。英国学者赫纳德是开放获取较早的倡导者和研究者，他研究了开放网络对于科学交流获得产生的深远影响，倡导构建全球性的、可统一检索的虚拟文库以及建立新的科学计量和评价方法④。但是他的研究没有涉及开放获取具体的实现路径问题。金斯帕格详细分析了开放获取的存取途径、系统功能以及对于传统交流方式的影响等问题，提出网络是实现开放获取的技术平台，而科学家科学研究活动的非营利动机则构成了开放获取的现实基础⑤。

对于开放获取存在的合理性考证也是学界普遍关心的一个问题。比如威林斯基认为开放获取将“有助于提升科学研究质量，并尽可能地将此类

---

① Frandsen T. F.，“Scholarly Communication Changing: The Implications of Open Access”，ph D. Royal School of Library and Information Science，Denmark，2009.

② Jankowski N. Eds.，*E - Research: Transformation in Scholarly Practice*，Routledge，2009.

③ Sely Maria de Souda Costa，The Impact of Computer Usage on Scholarly Communication amongst Academic Social Scientist，Ph D. Loughborough，Leics.，England，1999.

④ Hajjem C.，Harnad S. and Gingras Y.，“Ten - Year Cross - Disciplinary Comparison of the Growth of Open Access and How it Increases Resarch Citation Impact”，*IEEE Data Engineering Bulletin*，2005（4）：39 - 47.

⑤ Ginsparg P.，“First Steps Towards Electronic Research Communication”，*Computers in Physics*，1994（4）：390 - 395.

工作扩展至那些对此类信息感兴趣并能从中获益的人”①　（Willinsky，2006）。在此基础上，他提出了学术界应该遵循的开放获取原则，进而通过历史与现实相结合的方法从多个视角透视了开放获取这一社会现象，并预测了在线数据库等网络资源未来的发展形态。

此外，布赖恩研究了电子预印本和开放期刊的发送、管理和获取过程；斯都②、苏伯③也研究了开放获取交流模式的内涵及其实现进程中遇到的问题。

此类研究都承认开放获取是实现学术信息共享的有效途径，主要包括两条研究进路。一是从方法论上为开放获取的可行性和合理性进行有效辩护，并指出开放获取的可能实现路径；二是从操作层面研究开放获取的具体实现策略，包括开放获取中的知识产权转移、开放期刊质量等问题及其对策。但总体来看，相关研究多集中在图书馆学和情报学领域，对于 STS 的研究不多。

第五，开放环境下的知识共享的社会规制和政策学研究。

知识资源的整合涉及复杂的行动者网络，该视角尤其关注在此过程中政府职能的发挥。作为科学和技术先行国家，美国在网络知识资源建设和学术信息共享中的政策法规对于我国具有重要的启示。美国国家科学基金会（National Science Foundation，NSF）2003 年发布了《通过赛博结构达到科学与工程的革命化》的报告，分析了赛博信息空间及其未来发展趋势，指出了 NSF 在资助开放在线数据库等网络资源建设中应发挥的重要作用，认为商业数据库使得科学共同体与社会之间的契约关系正面临挑战，进而提出了 NSF 的政策调整思路。2005 年美国国立卫生研究院（National Institutes of Health，NIH）作出规定，接受 NIH 部分或全额资助的研究所发表的论文在发表后 12 个月之内必须存入开放文库 PMC，迈出了实施强制性开放获取政策的关键一步。

经济合作与发展组织（Organization for Economic Cooperation and Development，OECD）也针对学术资源数据库的建设和共享发布了很多政策文件。比如，该组织 2004 年 1 月发布的《关于从公共资助中获取研究数据

---

① Willinsky J.，*The Access Principle—The Case for Open Access to Research and Scholarship*，MIT Press，2006.

② Seadle M.，“Copyright in the Networked World：Author's Rights”，*Library HiTech*，2005（1）：130－136.

③ Suber P.，“Removing the Barriers to Research：An Introduction to Open Access for Librarians”，*College & Research Libraries News*，2003（2）：92－94，113.

的规定》[①] 即详细规定了数据接入的开放性、透明性、合法性、责任性、专业性等原则，并认为在线数据库等网络资源中的知识产权保护存在品质安全、有效性等问题；1999 年发布的《全球研究村：信息通信技术是如何影响科学系统的》[②] 论述了信息通信技术影响下的科学家之间的交流、科学信息的获得、电子出版系统、科学家的教育和培训、科学系统的含义与政府的角色等问题；2001 年发布的《理解数字鸿沟》则对 ICT 的接入成本与费用问题、互联网的使用规制、消除边缘科学家的信息获得障碍等问题给出了相应的政策建议。

除了政府和组织机构所发布的政策文本之外，很多学者也进行了相关的政策研究。比如，伍尔加受英国经济与社会科学研究理事会（ESRC）的委托从社会塑造视角研究了电子化科学和电子化社会中的问题，认为该塑造过程包含技术的起源、应用环境、实现效果等社会因素[③]。他还为 ESRC 提出了相应的政策建议，比如建立综合的项目计划，与其他资助方（比如英国联合信息系统委员会（JISC）、英国工程与自然科学研究理事会（EPSRC））进行全方位合作，等等。另外，辰尼（Cheney，2007）系统梳理了与科学研究相关的知识共享政策，并对地理科学和生物科学进行了案例研究，认为网络技术塑造下的科学交流模式由于学科、地域甚至组织文化的不同呈现出了巨大差异，在制定政策的过程中要区别对待。

另外还有针对利用网络知识资源进行科学交流活动中所遇到的具体问题的研究，比如米勒讨论了科学交流中的信息过载问题[④]；罗斯伯姆研究了在线数据库等网络资源接入中的版权与知识产权保护问题[⑤]；科林针对政府建设开放数字资源提出了政策建议[⑥]；等等。

---

① OECD, "Declaration on Access to Research Data from Public Funding", January, in Paris, 2004. Available at: http://www.oecd.org/document/0, 2340, en _ 2649 _ 34487 _ 25998799_ 1_ 1_ 1_ 1, 00.html (Accessed February 16, 2011).

② OECD, Science, *Technology and Industry Outlook* 1998, Paris, 1998.

③ Woolgar S., Social Shaping Perspectives on e – Science and e – Social Science, NCeSS Consultation Document (www.ncess.ac.uk), 2004.

④ Miller J. P. Eds., *Emerging Issues in the Electronic Environment: Challenges for Librarians and Researchers in the Sciences*, The Haworth Information Press, 2004.

⑤ Rosenbaum H., In the Trenches of the Digital Revolution: Intellectual Freedom and the "Public" Digital Library, ASIS, MidYear Conference: Contributed Paper, 1996.

⑥ Kline R. R., "Cybernetics, Management Science and Technology Policy: The Emergence of 'Information Technology' as a Keyword", *Technology and Culture*, 2006 (3): 513 – 534.

二　国内研究现状

从国内的研究现状来看，学界还没有对“网络环境下的科学交流体系”这一问题给予足够的重视，已有的研究也较为分散。笔者以“科学交流”作为主题词在“中国知网”中检索，共检索到相关期刊论文767篇（检索时间为2016年9月19日），通过进一步分析整理，发现大部分研究分布在图书情报和传播学领域，STS领域的研究很少。同时发现，相较于国外以调查研究和案例剖析为主的研究方法而言，国内的研究主要以理论分析与观点陈述为主，从整体上看还处于追踪国外的相关研究阶段。目前国内学者对于该命题的研究大致可以分为以下两类。

第一，关于信息通信技术对知识传播与学术交流影响的一般性探讨。

邬焜和刘钢是国内较早关注信息哲学问题的学者，他们在信息哲学起源的问题上曾有过争论。刘钢最早将弗洛里迪的信息哲学思想带到了国内，认为信息哲学本质上是工具驱动的，是器物层面的计算机和网络以及非器物层面的逻辑的统一，并且指出应该在东方语境下探讨信息哲学问题。邬焜则指出“信息哲学是以信息理论为主导认识方式的现代科学体系”①，认为它本质上意味着一种科学范式的转型，是一种区别于其他哲学的元哲学或最高哲学。曾国屏、李正风研究了赛博空间的哲学、文化、伦理与生产模式等基本问题，从交互主体性视角提出并分析了“虚拟实践”问题，从技术与主体的相互建构的角度考察了赛博文化的功能，从信息权利的视角探讨了赛博空间中应该建立的伦理构架问题。他们认为网络技术将把人类社会带向虚拟的赛博空间，同时也会建构一种全新的赛博文化②。朱伟珏较为系统地考察了早期一些重要的信息社会理论，这些理论包括马哈洛普和波拉特的信息经济—信息社会理论、贝尔与图尔纳的后工业社会理论等，另外还研究了信息社会中科学系统的特征③。孙和平、盛晓明研究了虚拟实在与科学实在的内在化关系及其主体间性的交互性特征，认为网络技术使我们进入了一个全新的理性生活空间④。李正风、丁大尉从科学知识生产的信息资源禀赋、科学家之间的合作、科学知识生产

---

① 邬焜：《信息哲学的基本理论及其对哲学的全新突破》，《西安交通大学学报》（社会科学版）2006年第2期 。

② 曾国屏、李正风：《赛博空间的哲学探索》，清华大学出版社2002年版。

③ 朱伟珏：《信息社会学理论概述》，《国外社会科学》2005年第5期。

④ 孙和平、盛晓明：《论“虚拟实在”对“科学实在”的内在化》，《哲学研究》2006年第4期。

的仪器设备和科学研究的组织形式四个方面研究了信息通信技术对科学知识生产方式的影响，得出了科学研究的信息化代表了未来科学知识生产的发展方向的结论①。孙梁认为，赛博空间作为新的虚拟空间具有数字化、开放性、自由性、资源丰富性和时空压缩化等特点，它不但影响着科学家的思维方式和存在方式，而且深刻地改变着科研模式和科学家的学习过程②。

另外，肖峰（2008）、于衍平（1997）、徐瑞萍（2005）、高亚春（2008）、马景娣（2005）也进行过相关研究，这些研究大多涉及信息理论的元问题以及对当代科学交流形态的哲学反思。网络化、数字化的科学交流方式必然会带来对于科学研究的实在性等问题的追问，能否作出理性回答就成为相关研究的基础。

第二，网络通信技术与当代学术交流关系的相关问题的研究。

方卿、徐丽芳研究了科学交流中的载体演进问题，认为网络载体是信息载体演进的一个新阶段，新载体不但重构了科学交流过程，还催生了很多新的科学信息组织形式，比如学科导航库、数字图书馆、在线数据库等网络资源等③。

罗志勇提出，知识共享机制本身就存在着知识的私有与共享的矛盾，网络提供了知识共享的技术平台，但是知识共享机制的形成是一个包括组织、文化、技术、知识四个层面在内的复杂的社会建构过程④。

莫少群认为，电子信息技术正对传统的学术交流产生着巨大冲击，网络技术的迅速发展势必带来科学界的社会结构变迁，该过程是技术创新和社会选择的共同作用。他还认为学术界出现了三个变化：一是形成了所谓"电子化"的无形学院；二是缩小了科研群体的地位差异；三是契合了大科学时代的科研要求。这些变化促进和鼓励了科学交流，标志着"远程科学"时代的诞生⑤。

黄凯文、刘芳研究了"开放获取运动"的模式与方法，认为当前我们正处于一个过渡时期，可以采取免费存取与限制存取相结合的方式，也可以利用印刷版订阅费用支持开放获取文本的建设，并应该积极向外界寻求

---

① 李正风、丁大尉：《信息通信技术对科学知识生产方式的影响》，《自然辩证法通讯》2009年第6期。

② 孙梁：《赛博空间的科学哲学思考》，《山东农业大学学报》（社会科学版）2005年第1期。

③ 方卿、徐丽芳：《科学信息交流研究——载体整合与过程重构》，武汉大学出版社2005年版。

④ 罗志勇：《知识共享机制研究》，北京图书馆出版社2003年版。

⑤ 莫少群：《电子信息技术对科学活动影响的社会学考察》，《中国科技论坛》2001年第3期。

出版资助[①]。

高亚春介绍了波斯特所提出的“超级全景监狱”理论，认为作为超级全景监狱的数据库话语，是后现代信息方式下对大众进行控制的手段。同时在这样一种超强的控制力之下，所有人都参与了这样的自我建构过程，将自己构建成超级全景监狱中进行规训的主体[②]。

王静认为期刊数据库版权有其自身的特殊性，提出了一种有效可行的版权策略，并研究了著作权使用费中的利益分配问题[③]。

此外，李春旺（2005）、聂华（2015）、刘筱敏（2009）、李湘东（2008）、乔冬梅（2006）等也进行过相关研究。总体来看，国内学者对于该领域的研究不多，所论述的问题也主要分散在对信息理论的哲学分析、科学交流模式的描述、数据库的版权政策、开放获取的现状及相关政策的研究等方面。所运用的方法则多为对国外文献的跟踪介绍和自身观点的总结陈述，这与国外以统计计量、经验调查为主的实证研究方法有很大区别。国内研究存在的不足之处在于：

第一，国内的研究多是对于信息科学与学术交流问题的一般性描述，缺乏对于网络知识资源这一当代主要的学术交流方式的关注，也没有深入研究我国作为发展中国家与发达国家之间在信息获取中的不对称现状，以及学术信息垄断对我国科学研究造成的巨大影响。在这样的背景下，非常有必要加强这一领域的理论研究。

第二，学术交流并不是孤立的社会现象，它实际上是一个复杂的社会—技术系统，理解社会与技术在长期互动中的相互塑造关系，以及隐藏在这种关系背后的利益斗争实质，是正确认识和把握这一复杂现象的重要基础。而国内研究中社会—技术互动研究方法的缺失使得已有研究大都纠结于信息时代“知识”的数字化、虚拟化等特征，并没有深入地考察多元主体间的行动者网络关系。

第三，从研究方法上看，国内的研究多集中在理论探讨和观点陈述上，缺乏实证的案例研究，统计计量等方法的运用较少。对于开放获取问题，多是侧重于其实现策略的研究，缺乏对于知识共享机制的必要性与合法性问题的深入分析，以及对于网络环境下的知识“开放性”要求特殊性

---

① 黄凯文、刘芳：《网络科学信息资源的“公开获取运动”的模式与方法》，《大学图书馆学报》2005 年第 5 期。

② 高亚春：《数据库：信息方式下的“超级全景监狱”》，《自然辩证法研究》2008 年第 1 期。

③ 王静：《期刊数据库版权问题研究》，硕士学位论文，武汉大学，2004 年。

的研究。

必须看到，当代学术交流方式正在发生剧烈的变革，网络知识资源库已经成为学术信息的重要来源，我国科学界也已参与到这场变革之中。在知识经济的大背景下，加强这方面的研究，更好地认识当代科学交流活动，是非常有必要的。而国内的相关研究仍处于起步阶段，至今未见关于该问题的系统论述，本书即希望为深化该问题的研究尽一点绵薄之力。

第三节 几种研究视角及理论的评析

在关于网络环境下当代科学交流体系的重构问题的已有研究中，基于图书情报学和传播学视角进行的研究较多，除此之外还有少量从 STS 分析视角开展的研究。这几种研究视角在关注的问题、研究的方法和论证的思路等方面都存在着明显的差别。

一 图书情报学研究（信息组织和管理的视角）

图书情报学的研究对象是科学信息的采集、组织和提供服务的过程，该学科主要关注图书馆、文献情报中心等机构的信息提供和发布方式。随着这些机构在现代社会中信息供给功能的日益加强，特别是随着学术资源数据库的日益普及，利用该视角研究当代科学交流中图书情报的管理与发展问题的文献越来越多。

需要指出的是，该领域的研究指向是科学交流中的正式交流部分，信息内容是经过同行评议后能够精确地表征和描述客观世界的知识。国外有学者曾提出以“知识基础论”作为图书情报学的理论基础，认为其任务即是探索和组织客观知识。从研究对象来看，信息载体的研究是其中一个基本问题，现代情报的组织发布形式本质上是信息载体从纸质技术向网络平台过渡的结果，所以对于网络载体的关注是该视角的一个突出特征。比如倪波、霍丹认为，“信息生产者在使用消费信息资源的同时，也创造出新的知识产品，体现了知识性产品的生产，而在形式上则是物质资料的生产”①。而刘兹恒则从以下三个视角论述了信息载体的问题：一是信息与载体的关系问题，认为信息与载体是不可分的；二是信息载体类型的划分问题，并按功能将其划分为信息的载体和载体的载体两大类；三是区分了

① 倪波、霍丹：《信息传播原理》，书目文献出版社 1996 年版。

“信息载体”与“信息媒体”的概念①。总体来看，该视角对于在线知识资源问题的关注多局限在载体形式变革及其功能发挥等方面，没有关注交流主体之间的交互作用，更没有关注社会因素对于技术形式的塑造。该视角的研究特点包括以下几个方面：

第一，将科学信息的组织和管理视为一种社会活动，研究的内涵和外延较为明确。它把有用的科学知识作为研究对象，除了关注文献信息的组织、存储和读者服务等内容以外，还涉及信息的咨询、检索和分析等功能。从具体层面来看，图书情报学主要研究数字文献资源的共建共享、图书馆的体系结构与平台、网络信息检索策略、智能信息服务的对策等问题。该视角对于网络知识资源分布及开放知识资源建设问题的研究，主要聚焦于通过用户、图书馆、情报员、知识管理人员等的活动将文献、情报和知识传递给用户的过程。

第二，随着网络技术的发展，信息管理问题日益成为该领域的研究热点。知识管理、引文分析、文献计量是信息管理的主要实现形式。知识管理涉及知识存储管理、知识分类和挖掘、知识发现技术等方面的问题，而文献计量则是信息计量与网络技术发展的结合，试图实现对于信息的精确化研究。从信息的产生、组织、传递和使用链条来看，信息交流的组织形式和制度安排已成为该领域的主要研究内容。吴慰慈、董焱曾指出，在知识逐渐成为图书情报学的主要研究对象的背景下，知识的组织问题、管理问题以及产权保护问题已成为人们关注的焦点②。

第三，在线数据库等网络资源除了提供数字学术资源之外，还是知识组织和管理的必要手段，该问题已成为图书情报学中的核心问题。“从 V. 布什提出用名为 MEMEX 的机器实现自动化情报检索之后，情报学一直沿着信息技术的路线展开。”③ Web3.0 已经实现了智能的人机交互的信息获取模式，并提供了诸如基础性的个性化配置、实现微内容（Widget）的自由整合等新方式，这些新技术已经基本解决了大量的社会需求与无序的文献信息之间的矛盾。总体来看，数据库技术已经重构了信息组织与发布的外在环境。

图书情报学是研究网络知识资源中知识的组织和管理活动的有效视

---

① 刘兹恒：《信息媒体及其采集》，北京大学出版社 1998 年版。

② 吴慰慈、董焱：《图书馆学概论》，国家图书馆出版社 2008 年版。

③ 邱均平等：《改革开放 30 年来我国情报学研究论文内容分析》，《图书情报知识》2009 年第 3 期。

角，该学科的研究主要集中在文献信息的编目、管理和服务、网络资源建设等具体的操作层面，鲜有突破图书馆和文献信息范畴从“社会问题”的视角展开的研究。同时对于网络环境中开放期刊、论文预印本等开放资源的建设和使用问题的研究也多从实现层面展开，忽略了社会因素的影响。哈里斯认为，应该引用政治学、经济学和社会学的研究方法对图书情报领域研究的“封闭性”进行创新，建立“开放的图书情报学”，将对于图书馆等公共信息服务机构的研究置于一个更广阔的视角中。哈里斯还与兰开斯特共同提出了“信息社会论”思想，主张在信息市场化的语境中审视传统的研究理念。这种研究转向在最近几年关于开放获取问题的研究中得到了充分的体现，社会情境的考察是该视角的有效补充。

二　传播学研究（信息流动和再现的视角）

传播学是研究社会信息系统及其运行规律的一门学科，它主要关注人类的传播行为、传播的发生过程以及传播过程中人与社会的关系等内容。传播学包括不同的知识层次和理论框架，我们可以从传播的主体、客体、载体、过程、方法等不同视角进行研究，传播本质上是通过各种编码信号、形式化公式等可以识别的内容进行信息交流。

传播学除了希望揭示大众的信息获取能力和传播效果之外，还希望能够解释人类社会普遍存在的传播现实，甚至试图回答社会是如何运行的这一问题。目前传播学的研究出现了两个相反的趋向，一是所研究的分支越来越细化；二是仍试图建立像帕森斯、卢曼那样宏大的理论体系。对于当代科学交流中的在线知识资源分布及其相关问题的研究，传播学的研究大多聚焦在传播媒介的变化以及对于传播者和受信者的影响等问题上，而较少考虑科学信息获得效果、知识表达形式等层面的内容，也不太涉及交流中的组织机构与管理体制等层面的内容。具体来说，传播学视角对于网络知识资源的研究具有以下几个特点。

第一，传播学认为网络载体也是一种传播媒介，它是“负载符号的物质实体”[①]。加拿大学者 M. 麦克卢汉提出了著名的媒介决定论，认为传播技术的改变会塑造和影响受众的感知和思维。从该理论看来，信息载体的特点会影响受信者接受知识的程度。当代信息载体正呈现出网络介质、纸质介质、光电介质并存的多元化趋势，也导致了信息交流研究的复杂化。当前传播学对于网络中学术资源共享的研究主要集中于数字媒介的技术特

① 邵培仁：《传播学》，高等教育出版社 2008 年版，第 197 页。

征和功能分析等方面，重点关注当代科学交流中的音频、图像等新的传播元素，电子媒介内容的制作以及印刷型文献与网络文献的性能比较等问题。

第二，传播学的研究非常重视对于作为信息接收者的科学家的研究，受众的反馈和评价是判断科学交流功能和效率的关键标准。该视角重视科学家的心理状态、特点、类型等社会特征，并强调要随时掌握科学家的知识需求和获取动机。传播学的研究认为，必须建立数据库与科学家的信息需求之间的双向互动，科学家对于知识的需求是“受信者是有着特定需求的个人，他们的媒介接触活动是基于特定需求动机来‘使用’媒介，从而获得个人‘满足’的过程”①。可见，该视角将科学知识内容等同于一般的信息传递，忽略了对于科学知识特殊品质的分析。

第三，传播学的研究非常关注人与人、人与不同组织甚至社会之间的各种关系的建立，试图在这种社会关系中再现科学交流中人们互相影响的方式，甚至将开放获取的出现也归因于这种社会关系的需求。从此角度看，传播学对于网络知识资源及其相关问题的研究更容易与社会学、心理学、历史学甚至人类学联系起来。李景峰在通过传播学视角研究科学家的交流方式后指出，“知识共同体应该推动科学知识普及化的进程，构建一套相对灵活的机制与规则，调整科学研究的目的与动机，以更为灵活的、受众更愿意接受的方式，系统地、有层次地推进科学的社会化进程”②，但该视角的研究缺乏批判性的反思。

总体来看，传播学对于网络学术资源交流机制的研究遵循的是美国经验主义的研究进路，多采用系统理论、符号互动论等理论解释，并进行了大量的经验研究。其实用性倾向非常明显，鲜有从社会和文化视角甚至批判进路进行的研究。将当代科学交流形态置于各种关系组成的决策网络中，进而考察不同利益相关者互动关系的研究很少。同时传播理论对于网络知识资源问题的研究往往过分关注受众的反馈和影响，而忽视了社会—技术互动机制的研究，容易导致信息传递过程中不同行动者主体地位的不对称。总体来看，传播学视角的研究具有很强的大众传播倾向，很难揭示当代科学交流方式的全部特征，也不容易探究开放获取这样的社会运动的利益磋商和协调过程。

---

① 司有和主编：《信息传播学》，重庆大学出版社 2007 年版，第 103 页。

② 李景峰：《信息与传播》，科学出版社 2004 年版，第 204 页。

三　STS 研究（信息的多维度跨学科研究视角）

始于 20 世纪 70 年代的 STS（Science and Technology Studies）① 主张将科学视为具体社会情境中的复杂活动，并试图对这种现象进行多视角、跨学科的研究。加里·鲍登（Gary Bowden）认为该方法是“围绕着社会情境以及理解、操纵和利用自然的各种方法、文化和制度之间的相关性来展开的”②。除了传统的科学哲学、史学和社会学的研究之外，近些年来科学的政治学、人类学、传播学、组织行为学等各种视角的研究也日益增多。著名科学社会学家大卫·艾杰认为，随着研究的不断深入，各视角正逐步走向融合，已经形成了综合的、系统的以科学技术现象作为研究对象的研究进路。科学技术是包括科学家、政治家、企业家在内的复杂的社会活动，STS 多维视角的研究可以弥补单一视角的缺陷，全面、深刻地认识包括科学交流在内的复杂的科学知识生产活动。

相对于其他维度的研究来讲，STS 的研究旨在揭示科学、技术与社会之间的互动关系，强调科学活动的语境性、建构性和实践性等特征。STS 的研究方法具有以下几个研究基点，它们也构成了本书的重要方法论基础。

第一，科学活动的发生依赖于特定的历史和社会条件，必然与政治、经济、社会变迁等各种因素产生千丝万缕的联系。库恩的历史主义科学观张扬了科学知识生产的语境性，他本人也明确提出，把“‘发现的语境’和‘辩护的语境’分离开来是不恰当的”③。语境主义的科学观反对将科学视为孤立的事业，强调科学发展中社会、经济、文化等因素的作用，希望在它们之间的交互作用中认识科学。基于这样的事实判断，本书力图将科学交流活动置于历史演变的语境之中，把握网络知识资源发展中各利益方的互动关系，进而探析该过程中的社会、经济、政治等因素发挥作用的

① 目前，我国对于 STS 的译法有多种，较具代表性的有“科学技术学”“科学技术论”“科学技术元勘”“科学技术的元研究”等。译法的不统一反映出我国学者对“Science and Technology Studies”领域的研究范围和性质缺乏统一的认识，实际上它本身就包含多学科、多视角的研究领域和研究进路。李正风在《科学学与科学技术管理》创刊 30 周年专栏文章中提出“实践主义的研究范式有可能为多种理解科学、技术的视角的相互对话、相互融合提供舞台”（李正风，2010）。

② Bowden G., *Coming of Age in STS: Some Methodological Musings*// Jasanoff S., et al. eds., *Handbook of Science and Technology Studies*, Sage Publications, 1995: 70 - 72.

③ ［美］托马斯·库恩：《科学革命的结构》，金吾伦、胡新和译，北京大学出版社 2003 年版，第 7 页。

空间和方式。

第二，20 世纪 70 年代开始的研究科学知识生产微观过程的科学知识社会学（SSK），奠定了 STS 建构主义的研究范式。它试图通过实验室研究进入具体的科学研究场景内部，从而打开科学技术活动的黑箱，再现科学知识的生产过程。SSK 坚持科学受社会、心理等因素影响的观点，一段时间内，建构主义的科学观几乎统摄了整个 STS 的研究视域，正如史蒂芬·科尔所说，《科学技术论手册》的“所有的撰稿者都是建构论者或者建构论者的政治盟友”①。本书以此理论为基础探讨了新的交流机制中的知识建构方式，认为开放、自由的交流模式必然增大利益关系、修辞技巧等各种非理性因素发挥作用的空间，特别注意考察开放环境中的知识探讨和磋商机制。

第三，科学具有深刻的“介入”和“操作”的实践特征。李正风在分析和批判传统科学哲学的理智主义科学观和科学知识社会学的建构主义科学观的基础上，提出了“实践建构论”的科学观，认为科学是一种生产性活动和生产性制度，并认为科学实践具有“需要成本”和能产生“巨大经济价值”的特点②。这就要求我们在整个社会生产体系中考察科学知识生产这一特殊的实践活动。本书秉承了科学交流本质上是科学家的实践活动的价值判断，认为交流主体的介入和操作活动不仅构成了当代科学交流的丰富内涵，还推动着科学交流形态的不断演变，催生着开放获取等新的科学交流方式。

传统的科学社会学采用的是结构功能主义的研究进路，主要关注科学的组织制度等宏观层面的问题，并试图以此为基准建立科学系统与社会系统的某种强关联性，“高度的社会互动涉及许多过程，这些过程一般有利于文化的变化，特别有利于科学的发展”③。而科学知识社会学进路则试图深入到科学知识生产的具体语境之中，对科学知识内容进行社会学的分析和考察。比如塞蒂娜采用人类学的民族志方法考察了知识的建构过程，认为“客观”“有序”的知识形态是科学家群体相互磋商的结果④，拉图尔也认为科学社会学这种“外在主义”的研究进路没有延伸至科学知识生

① ［美］科尔：《巫毒社会学：科学社会学最近的发展》，刘华杰译，《哲学译丛》2000 年第 2 期。

② 李正风：《实践建构论：对一种科学观的初步探讨》，《哲学研究》2006 年第 1 期。

③ ［美］默顿：《十七世纪英格兰的科学、技术与社会》，范岱年等译，商务印书馆 2007 年版，第 270 页。

④ ［奥地利］诺尔－塞蒂娜：《制造知识》，王善博译，东方出版社 2001 年版。

产的具体过程，“不能对学科或专业进行真正的比较分析，也不能真正地研究学科或专业的兴衰”①。总体来看，STS 的研究经历了从语境主义、建构主义到实践研究的转变。

本书不做科学知识内容是否具有唯一“真理”身份这样的价值判断，而是通过对社会—技术互动关系的分析，实现对于网络技术引起的当代科学交流体系的变化这一现象的全面认识。通过 STS 的社会—技术互动的视角进行研究主要出于以下几点考虑。

第一，科学交流问题是一个典型的科学、技术与社会互动的问题。单一学科不能对该问题进行完备性解释，只有认识到不同方法的互补性，综合运用科学哲学、科学社会学等多学科视角进行研究，才能把握网络知识资源塑造下的科学交流体系及其带来的社会问题。技术的进步及其扩散是科学交流体系演变的根本推动力，但同时也是不同行动者共同发挥作用的结果，本质上是一个社会—技术互动的过程。STS 理论的建构主义、行动者网络等理论视角可以更好地揭示技术要素在科学交流过程中的功能发挥，建构主义视角的引入也更容易把握异质性行动者间的交互作用，认识当代学术交流活动的特殊性和复杂性。

第二，STS 视角的批判性与反思性态度有助于深刻理解网络技术塑造下的当代科学交流体系。理性地看待当代科学交流方式的变化，必然要求我们全面地批判与反思不同行动者间的利益纷争关系。同时，学术资源开放的合理性、开放环境中知识内容的可信性、科学交流中不同行动者的权利与责任等问题也为对其进行哲学反思提出了新的现实需求。批判性地考察这场复杂的社会运动，是有效提出知识共享策略、理性预测未来的科学交流模式的必然途径。

可以看出，STS 视角的引入对于研究网络技术与当代科学交流体系的相互建构带来了以下理论增量。第一，利益冲突与协调是多元行动者集体参与的“社会—技术”互动机制的重要特征。第二，建构主义的引入为我们带来了理解网络空间中知识磋商机制的新视角，新技术环境为知识的社会建构增加了很多新元素。第三，包括科学组织、政府机构等在内的社会力量对科学交流活动产生了重要影响，一定时期内甚至会决定科学家的知识共享能力。

---

① Latour B., Woolgar S., *Laboratory Life*, Princeton University Press, 1986: 25.

第二章　网络环境与当代科学交流体系：内涵、特征与功能演变

为了正确认识网络技术环境下当代科学交流体系的基本结构，分析在线数据库等新技术塑造当代科学交流体系的具体路径以及当代科学共同体所呈现出的新变化，进而对网络环境下的数字知识资源分布及开放获取等问题展开深入研究，有必要厘清网络技术与科学交流体系的重要内涵、基本特征与功能演变等。

第一节　网络技术环境下的当代科学交流体系

一　网络通信技术的内涵及其历史演化

（一）网络通信技术的基本内涵

当今我们已经习惯使用的在线数据库技术实际上是由网络通信技术发展而来的一种数据和信息的存储和共享技术。网络通信技术是科学交流中的网络环境得以构建和发展的基础，深入梳理网络通信技术的内涵、演化及其特征对于理解基于网络的在线环境和运行机制非常重要。

从电子和计算机专业的角度看，网络通信是指利用电缆、光纤等传输介质将地理位置上分散的、功能独特的计算机连接起来进行通信，目的是实现网络中资源的共享和计算能力的提高。严格来讲，“通信网路是由一定数量的节点（包括终端节点、交换节点）和连接这些节点的传输系统有机地组织在一起的，按约定的信令或协议完成任意用户间信息交换的通信体系”①。

一般来说，一次完整的通信过程必须包括以下几个构成要素。一是信

① 阎毅等：《信息科学技术导论》，华中科技大学出版社2008年版，第17页。

息的提供者（信息源），可以是计算机、传真机、视频终端等设备；二是信息的传递设备，比如交换机、路由器、光纤等；三是信息的接收设备，与信息的发送端（信息源）对称；四是控制整个网络的软件部分，包括负责路由选择、差错控制等工作的各种信令和协议。

从香农信息论的视角来看，网络中传递的信息量是按事件的发生概率p来计算的，信息单位为比特，信息量大小与事件的发生概率成反比。信息内容的载体是二进制的数字码流，其中一部分码字用来表征原始信息，另一部分则是冗余码，负责检测传输过程中的错误。网络通信的最终目标是在保证信息可靠传输的情况下尽量提高信息的传输效率，但这两个指标在码字长度的要求上是矛盾的，信源编码与信道编码则分别是为了解决码字的有效性和可靠性问题而采用的两种常用编码方式。

随着计算机技术与通信技术的日益融合，以计算机为主体的各种远程信息处理技术也应运而生，计算机通信日益成为当代网络通信的主体。欧洲核子研究中心（CERN）开发的万维网www与Internet的结合成为推动Internet呈指数级增长的主要动力，使得Internet迅速成为覆盖全球的信息基础设施。计算机网络具有以下三个主要功能：一是进行数据通信，这是其基本功能；二是进行资源共享，目标是实现信息在不同主体间的重新配置；三是实现了分布式处理，提高了集中解决问题的能力。

（二）网络通信的历史演化

网络通信发展史存在很多种划分方法，按不同时期的技术特征来划分，大致可以分为以下三个发展时期。

第一阶段是模拟通信网时代，大概处于1880—1970年，以传送单业务的模拟信号（主要是话音业务）为主。模拟信号传输具有易受干扰和传输距离短等缺陷，需要进行调制并通过中继放大。随着物理、电子、材料等学科的不断发展，相对高速的数据采集、传输和显示也逐步得以实现。

第二阶段是模拟网络向数字网络过渡的阶段，大概处于1970—1994年。这一时期数字和计算机技术逐渐获得了广泛应用，除语音信号之外，图像、数据等增值业务不断增多。数字信号具有频谱宽、抗噪性能强、易于编解码和加密以及进行多址分配等特点。随后出现的数字传输和分组交换技术则几乎奠定了未来通信网络发展的所有技术基础，开启了利用网络开展综合业务的新时期。

20世纪70年代，网络通信的主要技术形式是广域网（WAN）。这一时期利用网络技术的学术交流方式开始出现，比如北美地区建立了四大著名的图书馆网络系统——OCLC、RLIN、WLN 和 UTLAS，Dialog、CAS 等检索系统也开始产生较大影响。80 年代初，旨在进行设备共享的局域网（LAN）技术出现，该技术一经出现即在学术交流领域迅速扩散。这一时期很多图书馆也开始尝试利用 LAN 技术建立网络系统，比如美国国会图书馆即在 80 年代末开始利用局域网技术为读者提供服务。

第三阶段从 1995 年一直持续到现在。信息通信技术获得了跨越式发展，传输网的光纤化和通信网的数字化成为网络通信的主要技术特征。计算机技术、光纤技术、互联网技术的发展为网络通信建设提供了新的契机，多种技术呈现出协同发展、交相辉映的局面，互联网的发展更是这一时期的最大亮点。

NSFnet 是这一时期利用网络进行学术交流的典型代表。1985 年美国国家科学基金会（NSF）正式宣布资助建立由五大超级计算机中心组成的 NSFnet，之后很多高校、科研院所甚至政府机构也纷纷加入，“最终 NSFnet 取代了 ARPAnet[①] 成为 Internet 骨干网”[②]。NSFnet 的主要贡献是对科教界完全开放，宗旨是实现科学研究中资源的无障碍交流和共享，并明确反对知识的商业化运作。NSFnet 的建立产生了两个连带效应，一是将 Internet 的使用由小范围的计算机专家、政府官员等扩展到了整个科研领域，二是 Internet 正式承载了学术资源共享的社会功能，数字知识资源的不断完善为在线数据库等网络资源的建立奠定了基础。

随着科学研究中对于网络通信技术依赖程度的不断加深，一种依托于新技术的新的科学研究范式逐步得以构建。很多国家开始着手建设旨在提高计算能力和资源共享能力的新的科研基础设施，并试图构建未来科学知识生产的新架构，其中以美国的 Cyberscience 和英国的 e－Science 计划最为著名。e－Science 试图解决两个基本问题，一是满足全球范围内的数据采集和存储要求，二是进行全球计算能力的分布式合作。这些设施极大地促进了科学界的交流合作，重构了科学共同体的资源配置，代表了未来科学研究的发展方向。

二　科学研究中的网络通信技术群

网络通信技术已经融入科学研究的各个环节，“网络科学”“电子化

---

① 美国国防部高级研究计划署（Advanced Research Projects Agency，ARPA）于 1969 年开始建立的一个网络。

② 方卿、徐丽芳：《科学信息交流研究——载体整合与过程重构》，武汉大学出版社 2005 年版，第 69 页。

科学”“赛博科学”等提法生动地描述了网络技术环境下当代科学交流的技术性特征。科学研究中的网络通信技术群既包括电子邮件、视频会议等通用技术，又包括科学研究中特有的电子期刊、网上学术论坛等技术形式。总体来看，科学研究中的常用网络技术形式包括以下几种。

（一）电子邮件及邮件列表

随着互联网的普及，电子邮件已成为一种最广泛、最杰出的技术应用，它遵循客户端—服务器的工作模式。邮件服务器为每个用户预留一部分存储空间，用户可以随时随地通过本地计算机登录远程的服务器进行电子邮件的收发等操作。outlook、foxmail 等邮件管理软件的使用也已经很普遍，并且通过附件传送相关数据和信息（文本、图像、音视频等形式）也已在学术界获得了广泛应用。据笔者对清华大学的教师所做的访谈来看，很多教师认为收发电子邮件已成为他们最为经常的网络操作，其中“问题—回答”式的交流模式最为普遍。

邮件列表是一种利用电子邮件进行多方通信的方式，科学家可以与列表中的科学家共享某些信息或者就某个问题展开讨论。为了便于交流，在已发表的专业论文上附上自己的电子邮件已成为学术界的通常做法。

（二）电子期刊和图书

电子期刊在科学交流中的应用较为普遍，包括工作论文、期刊、预印本、会议论文等不同形式。目前的学术期刊包括仅发行电子版的 E 模式和同时发行纸质版、电子版的“P + E”混合模式，其中较为普遍的是在原有 P 模式的基础上增加 E 模式的混合模式，而“很少有将 P 模式直接转换为 E 模式或商业出版商直接出版 E 模式的期刊”①。电子期刊中的论文多存为 HTML、TeX、PDF、RTF 以及 DOC 等格式，需要使用专业软件在线阅读或下载后打开。

传统学术交流中科技期刊的论文需要经过邮寄或传真给编辑，再进行同行评议、编辑出版等操作，而在电子期刊的出版中，各种编辑软件的使用和数据的实时传递极大地提高了工作效率。比如，出版商利用内容管理系统软件（CMS）即可以实现在 Web 服务器和后台办公系统之间进行操作，极大地提高了出版速度。另外，科学家也可以按照自己的研究需求仅将期刊中实际需要的内容打印出来使用，避免了借阅整本期刊杂志造成的资源浪费。

---

① Nentwich M., *Cyberscience: Research in the Age of the Internet*, Austrian Academy of Sciences Press, 2003: 93.

电子图书也是一种常见的学术交流方式，目前的电子图书多是各种纸质图书的电子化，该方式大大提高了读者存储和阅读文献的效率。

（三）搜索引擎技术

科技的迅猛发展导致科学知识的存量不断增加，同时知识老化的速度也不断加快。据英国技术预测专家詹姆斯·马丁统计，人类知识的倍增周期不断缩短，到20世纪80年代末已达到每3年翻一番的程度。近年来，全球每天发表的论文数量已过万篇，这意味着科学家必须正确处理“信息爆炸”和有效信息获取之间的矛盾。面对浩瀚的网络信息资源，搜索引擎已成为科学家驾驭整个知识资源的主要方式，也成为信息检索和数据挖掘的重要技术手段，是“人类历史上最大规模的信息集散平台”和“学术界重要的技术研发平台”。

搜索引擎包括分类目录型检索、关键词检索等多种检索形式，真正实现了学术信息的零距离搜索和使用。它是利用一定的算法实现信息的搜集、发现、提取和处理，从而达到信息导航目的的方法。利用开放搜索平台获取科学信息已经成为专业数据库购买不足的高校和研究机构中的科学家常用的学术搜索手段。从笔者对烟台大学等普通学校的教师所做的访谈来看，很多教师都把Google学术搜索作为常用的信息获取途径。

（四）远程登录技术

远程登录又称telnet登录，是指用户登录到远地的计算机或设备上，作为一个远程操作终端，从而共享远地的资源和服务的一种信息获取方式。远程登录已成为教育和科研领域中的常用技术，它可以突破时空障碍，在科学家之间建立起双向或多向的通信机制，从而实现资源的优化共享。“网校”即是该技术的典型应用。

科学研究中，远程登录不仅可以实现异地静态信息和数据的传输，还可以实现对于异地设备的共享操作，实时获得所需要的科研信息。当代科学研究已日益表现出对于大型科研设备和工具的依赖，但是很多科研设备都是非常昂贵的。比如始建于1984年10月7日的北京正负电子对撞机，直到1988年10月才得以建成，它包括正负电子对撞机、北京谱仪（大型粒子探测器）和北京同步辐射装置三部分，建造成本非常高。远程登录是“虚拟实验室”的关键技术，它意味着分布在不同地区的科学家可以利用软件登录同一硬设备进行操作，并可实时观察实验结果，记录实验数据，

“用户可以利用软件通过传感器决定设备如何工作”[①]，曾国屏认为“虚拟现实技术必将为科学研究提供一种新型的富有成效的工具”[②]。远程登录不仅提高了科研设备的利用率，而且增加了资源获得的方式，提高了边远地区乃至发展中国家科学研究的能力。

（五）视频会议技术

利用网络视频进行学术交流对于科学家来说已不陌生，它包括双向的实时交流、报告形式的广播式交流以及讨论会交流等不同类型。视频会议可以同时传输音频、视频和文本等信息，具有直观性强、传送信息量大等特点。该技术需要将所采集的语音、图像等信息压缩编码后再以二进制数字的形式送入网络进行传输。而接收端则需要对接收到的数字信息进行解压、译码等操作，从而还原原始数据。比如微软公司提供的 NetMeeting 软件即是一款可以进行双方或多方网络会议的软件，可以提供音视频传输和程序共享等服务。

一般来说，小型的视频会议可以由参与者建立并共同管理，而大型的视频会议则需要建立中央服务器进行集中管理。比如，虚拟房间视频会议系统（VRVS）是目前较为成熟的非商业技术，它可以集成处于不同网络平台和使用不同操作系统的计算机，使每一个与会的科学家都有身处“虚拟房间”的感觉，交流过程更加轻松自由。

通过视频会议进行学术交流不仅可以节省交流成本、提高交流效率，而且可以更为容易地通过虚拟组织的形式将科学家联系起来，特别是可以与现实中很难有机会接触的顶尖级科学家进行交流探讨。但就目前的情况来看，技术因素仍是实现视频信息传输的主要瓶颈，受带宽、设备处理速度等因素的限制，无延迟、无缝隙的“实时”交流还很难实现。

（六）在线数据库等网络技术

在线数据库等网络知识资源（又称网络数据库）是当前数字图书馆的主要服务形式，并且已经成为科学研究中知识保存和获取的重要途径。在线数据库一般是按照信息内容进行分类编目的，可以为用户提供在线服务，通过数据库的身份认证后，用户可以按照作者名字、论文题目、关键词等元数据信息进行科学信息的检索、阅读和下载。按所收录的内容来分，在线数据库包括电子期刊、学位论文、电子图书、专利等不同类型的

① OECD, *Science, Technology and Industry Outlook* 1998, Paris, 1998: 210.

② 曾国屏：《虚拟现实——一项变革认识方法的技术》，《自然辩证法研究》1997 年第 7 期。

数据库。随着技术的不断进步，数据库操作愈加智能化，用户界面也变得越来越友好。

大部分在线数据库提供有偿服务，最初一般采用 telnet 协议方式进行登录，现在基本上都可以通过万维网登录。但登录前需要进行 IP 地址识别、用户身份（ID）口令认证以鉴定用户身份的合法性。目前对于数字信息的版权保护已经成为知识产权保护的一项重要内容。比如，出版商开发的“数字权限管理技术”（DRM）系统，即是旨在对数字化的信息内容进行加密保护的一种技术系统。从笔者所做的访谈和问卷调查来看，在线数据库已成为当代科学研究活动重要的信息来源。鉴于在线数据库对于科学交流的重要性，数据库资源已经成为科学界学术资源配置状况的一个重要标识。但不同国家和地区的数据库建设情况仍存在很大差别，这种情况导致了科学研究中信息分布的不均衡和不对称，甚至造成了科学交流中的新壁垒，扩大了学术界的“数字鸿沟”①。

除了以上常用技术形式之外，网上学术论坛、开放机构仓储、网络 BBS、个人学术博客等都已成为当代科学研究中的常用技术。新技术丰富了科学交流的内涵，赋予了科学研究新的特征，也为科学知识生产注入了新的要素。

三　在线数据库的功能及特征分析

在整个网络技术环境中，在线数据库技术是科学交流活动中最为常用的技术形式，也是当代科学交流体系中的“标准配置”，有必要对这种具有代表性的网络技术加以深入分析，以期更好地研究当代科学交流体系的结构变迁和功能演进。

（一）在线数据库的发展

数据库技术是 20 世纪 60 年代兴起的一种信息管理技术，随着信息化时代数据处理重要性的提高，数据库已经获得了广泛的应用。具体来说，数据库是指“长期储存在计算机内的有组织、可共享的数据集合”②。利用网络数据可以共享各种数字资源，所有经过合法认证的用户都可以对数据库进行操作（如图 2－1 所示）。

在线数据库是数据库技术与 Internet 技术相结合的产物，也是一种利用网络平台实现数据和信息等各种资源共享的技术，表现为用户可以通过

---

① 高丹、蓝芳：《跨越国内数字鸿沟的策略》，《图书馆理论与实践》2002 年第 4 期。

② 张俊玲、王秀英：《数据库原理与应用》，清华大学出版社 2010 年版，第 4 页。

图 2－1　终端用户操作在线数据库的流程示意图

本地计算机登录远程（后台）数据库进行数据的存储和查询等操作。在线数据库中存在多个节点和多个记录，其中每篇论文都可被看作一个记录。同时两个节点之间具有多个到达路径和连接，不存在单一的路径依赖（如图 2－2 所示）。

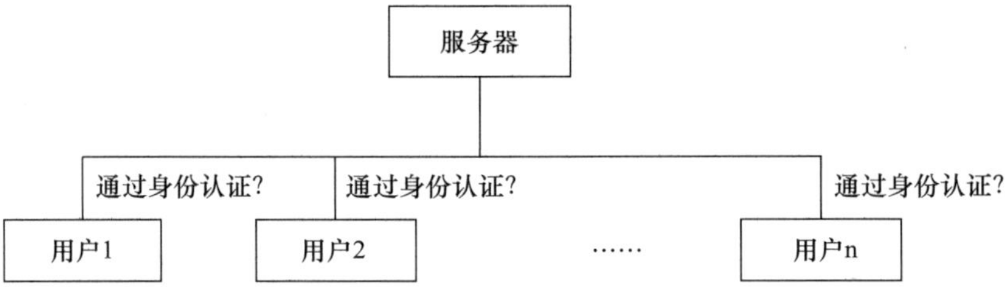

图 2－2　在线数据库的服务器—客户端架构模型示意图

20 世纪 80 年代开始的世界范围内的信息基础设施建设带来了学术资源数据库建设的新契机，出版商逐步开始生产以收录科学知识内容为主的数据库，并开始向科学界兜售。在线数据库也是继联机数据库和光盘数据库之后一种新的知识资源组织方式，1995 年《工程索引》中首次推出基于万维网的数据库平台 EI Village；1997 年美国科技信息所（ISI）开发出了 ISI Web of Science 数据库，并将 3 个引文索引数据库 SCI、SSCI、AHCI 的资源整合了起来。

经过近 20 年的发展，网络学术资源数据库已经成为一个重要的知识管理和交流平台，甚至已成为科学家最为重要的科学信息和数据的获得渠道，是"面向学者、科研人员和学术型图书馆用户而开发生产的网络信息资源"①。如无特别说明，本书中的在线数据库即是指以收录学术资源、进行学术交流和知识传播为目的的在线数据库，比如 CNKI、EBSCO、Springer 等网络学术资源数据库。

随着网络通信技术的不断发展，很多纸质的学术期刊逐步开始发行相

① 柴晓娟：《网络学术资源检索与利用》，南京大学出版社 2009 年版，第 12 页。

对应的电子版。以此为契机，很多商业出版机构以及一些大学的出版商相继推出了电子期刊的开发与服务业务，比如1999年爱思唯尔（Elsevier）公司的ScienceDirect电子期刊系统即开始提供电子出版物全文的在线付费服务。在我国，很多中文出版商则往往采用购买专业化的学术期刊并收录进数据库中的策略进行在线数据库的建设，比如万方数字化期刊、百度文库等。

（二）在线数据库的功能

网络学术资源主要包括电子数据库、电子期刊和电子图书三种最为主要的形式，它们都属于正式交流形式，而在这三种主要的形式中，数据库又是其中最为标准和通用的形式。

在线数据库提供了进行资源整合与获取的有效平台，契合了学术资源交流与共享的趋势。在线数据库还构建了一个全新的可以进行信息组织管理的学术资源平台，在该平台中，学术信息资源的集成、存储、组织、管理以及获得方式都发生了变化。数据库中按照元数据进行信息检索的功能极大地契合了科学知识生产的内在需求，已经成为科学家快速高效地获取科学信息的重要方式。在线数据库的普及导致信息的管理过渡为知识的管理，信息的检索也转变为知识的检索，知识交流呈现出不断挖掘与互动的状态①。

在线数据库集成了电子图书、电子期刊、学位论文、专利、标准、会议、科技报告等网络学术资源。除了商业数据库之外，旨在提供免费资源的包括电子预印本在内的各种开放获取资源也开始在科学交流中发挥着越来越重要的作用。

科学知识的快速增长导致信息存量不断增加，这也带来了知识数量的增长与有效获得之间的矛盾，面临着知识增长与信息匮乏相对立的学术困境，表现为从海量学术资源中挖掘有效知识内容的难度不断增加。在线数据库是使科学家摆脱信息迷航与信息超载的有效方式，可以使科学家在快速获得有用信息的基础上进行积极高效的互动。同时，在线数据库已经拥有了“合法”的知识获取渠道身份，严格的同行评议机制是构建这种合法性的重要保证。

总体来看，在线数据库在学术交流领域的广泛应用首先是新技术不断扩散的结果，但同时应该看到，该过程涉及一个复杂的利益相关者网络，

---

① Kling R.，McKim G，“Scholarly Communication and the Continuum of Electronic Publishing”，*Journal of the American Society for Information Science*，1999（10）：890－906.

渗透着包括知识生产、经济斗争、政治磋商在内的不同维度的相互作用。关于这一问题本书将在第四章中详细论述。

从笔者的访谈结果来看，科研单位数据库资源的建设和购买情况也已成为影响科研人员知识生产能力的一个重要因素。就当前的实际情况来看，科研院所在线数据库的建设情况之间存在很大差异，这就带来了知识增长与获得之间新的矛盾，通过后续的分析我们会看到，数据库资源的商业化运作已经将很多科学家排除在前沿信息的获得范畴之外。可见新技术在加速了知识交流的同时，也导致了知识封锁的新困境，造成了学术界新的数字鸿沟。

（三）在线数据库的技术特征分析

在线数据库是通过构造有结构的数据集合建立数据之间的联系的，数据库管理系统（DBMS）是数据库系统中的重要软件部分，负责对数据进行创建、修改、检索、删除等管理操作。通过建立数据之间的“关系”，不同数据库之间也具备了相互关联的可能性，从而无限扩展了其控制和覆盖能力。

在线数据库保存和传递信息的方式不同于以纸质载体为主的传统方式，通过在线数据库进行学术交流具有以下优势。

第一，信息内容的丰富性。在线数据库提供了传统介质所不能比拟的信息存储空间。大型服务器与大量的镜像站点一起负责存储数据库中的海量数字资源。接入网络的计算机如果拥有数据库许可的访问权限即可在“服务器—客户端”模式下访问数据库中的各种数据信息。同时新的数据存储方式极大地扩展了信息的容量，集成了大量的信息内容，一本500多页的电子书如今只需占用几个兆比特的物理存储空间。根据权威调研机构Gartner的预测数据，全世界总体数据存储容量正以53.1%的速度飞速增长，如今，在线数据库已经成为海量学术信息资源库，集成了不同学科的数据信息，其存储能力是书籍、纸质期刊所无法比拟的。

第二，信息传递的高效性。在线数据库彻底改变了传统的信息传递方式，使得世界范围内的信息交流可以在瞬间完成，真正实现了信息的实时传递。利用数据库提供的信息检索技术，科学家不但可以快速完成信息的查找，同时将所需内容下载到本地计算机的过程也可在瞬间完成。举例来说，假如要将位于美国的一个藏书总数为200万册（每册以20万字计）的图书馆的全部藏书传递到中国，按中美海底光缆系统（CH－US）的2.5Gb/s的传递速率计算，则仅需不到一小时的时间。

第三，信息表达的多样性。在线数据库等网络资源在传送科学信息的同时还带给我们全新的视听感觉，丰富了信息的表达形式。传统的信息内容以文字和图表为主，而网络技术则使得音频、视频、动画等多媒体知识表达形式日益普及[①]。这些新的知识表达形式一方面提高了信息传递的多样性和生动性，另一方面也使得双向的、交互的信息传递成为可能。科学知识交流的情境性特征更加明显，同时新的知识交流元素还丰富了知识获取的意涵。

第四，信息处理的虚拟性。在线数据库中信息的储存、传输、处理和显示各个环节都是在虚拟环境中完成的，同时用户选择和识别信息的过程实际上是新的信息形态的创生或者建构。包括各种传输和控制设备在内的网络设施相对于末端的接收用户来说实际上都是信息的中介环节，"中介环节似乎是一个信息的转运和加工站，它们对客体生发出来的信息进行了某种适应自身特性的选择、变换和建构，然后又逐级传递到后续的中介环节，由此构成了一个逐级信息变换、选择和建构的链条"[②]。经过了众多的中介环节的相互作用之后，关于对象特性的信息才最终在我们的意识中被呈现。

第五，信息组织的灵活性。利用数据库平台进行网络学术资源的共享具有传统的信息组织方式所无法比拟的优势。传统的文本方式下，各种信息之间是线性关联的，人们一般使用"脚注""参考文献"等方法来表征它们之间的联系。但在这种框架下寻找信息之间的关联关系非常困难，往往需要耗费大量时间。在线数据库则提供了"超链接"这种全新的信息组织方式，在线数据库技术将相互关联的知识内容组合成为非线性的、网状的结构，用户可以快速、灵活地掌握各种信息之间的有机联系。

第六，信息获得的相对平等性。对于同一数据库来说，所有具有访问权限的科学家的地位都是平等的。传统的信息获得方式是带有明显的社会标签的，科学家的社会属性（比如所在机构、职称、领导职务）会影响其科学信息的获得能力。一般来说，处于科学共同体核心的科学家的学术资源的占有量要多于处于边缘以及外围的科学家。但在线数据库却营造了一个相对平等的知识获取环境，所有具有合法访问权限的用户都可以平等地获得数据库中的全部资源。

---

① Nentwich M., *Cyberscience: Research in the Aage of the Internet*, Austrian Academy of Sciences Press, 2003.

② 邬焜：《信息哲学——理论、体系、方法》，商务印书馆2005年版，第178页。

第二节　“科学交流体系”的历史源头回溯

一　科学交流体系的形成及其历史演变

实际上，信息的储存和传递活动由来已久，它几乎贯穿了整个人类社会的发展史，信息载体的演进是该过程进化的重要标志。方卿等认为，“从宏观上看，信息载体的演进大致经历了循序渐进的八个阶段，即零载体阶段、天然载体阶段、人工载体阶段、纸型载体阶段、缩微载体阶段、音像载体阶段、封装型电子载体阶段和网络载体阶段”①。这种基于载体对于信息交流史所做的划分并没有明确的时间界限，只是大体呈现了信息记载和传播的历史。

信息的交流分为正式交流和非正式交流，面对面的语言交流等非正式交流方式在信息交流中始终具有相当的重要性，但是这种交流方式无法克服时空的局限。实际上，从载体技术发展的角度来研究人类传播行为的著名传播学家 M. 麦克卢汉很早就论及过没有实物载体的口语信息交流在信息传播范围上的局限性。信息交流的内在需求和技术的进步共同推动了交流载体的革新，并且每一次技术革新都带来了交流模式的变迁。比如，在天然载体阶段，人类曾将信息存储在泥版、兽骨、树皮等天然材料上，实现了信息的跨时空传递，但是这种交流方式严重依附于天然物，不仅材料获取非常困难，而且记录的信息量太少，而纸张和缣帛等人工载体的出现则彻底解决了这个问题。从载体形式上看，到了中世纪后期纸型载体的主流地位基本得以确立。之后虽然陆续出现过诸如缩微载体（摄像等）、磁载体以及音像载体等形式，但直到 20 世纪网络载体的出现才真正撼动了纸型载体的主体地位。

整个科学交流活动的历史大致经历了以下几个时期，但从历史上看，每一次新的交流方式都是对传统交流方式的有效补充，不会完全代替已有的交流方式，而且新旧交流方式会处于长期共存的状态。

（一）科学体制化之前的学术交流

科学体制化之前的很长一段时间内，科学研究基本都是不带有任何功

---

① 方卿、徐丽芳：《科学信息交流研究——载体整合与过程重构》，武汉大学出版社 2005 年版，第 19 页。

利目的的纯研究，人们也还没有意识到科学重要的社会价值和功能，出于个人兴趣自由探索自然界规律是这一阶段科学研究的基本特征。科学体制化之前还未出现正式的科学组织和职业化的科学家，政府也没有为科学的发展提供专门的制度保障和政策供给。总体来看，这一时期的科学交流是随机的、偶发的，并且只局限在小范围内的科学家群体中，更没有产生重大的社会影响。由于尚未出现正式的学术期刊和杂志，科学交流方式主要包括书籍、科学家之间的书信往来、科学家自发组建的科学俱乐部等。

在学术期刊成为稳定的学术交流渠道之前，私人信件一直是科学家传播新发现的重要方式。科学家将科学发现寄送给同行科学家有两个目的，一是与同行展开探讨，二是向科学界宣布自己的研究发现，这也是同行评议机制建立之前的无奈之举。比如，1671 年艾萨克·牛顿曾写信给当时的皇家学会秘书亨利·奥尔登伯格，展示了他利用新式望远镜观察所得的新进展。1674 年牛顿再次写信给奥尔登伯格，就莱布尼茨的一封关于代数级数问题的长信做了认真细致的评论，科学家对于获得同行“承认”的渴望可见一斑。这种交流方式不仅有碍于科学的发展，还带来了诸如优先权争论等新的问题，“直到 17 世纪末叶或‘更后’，数学家们还主要是靠私人通信来宣布他们的研究成果。这是一个效率低微的办法，有些发明先后的争执即由此而起，如牛顿和莱布尼茨之间的争执”①。总体来看，科学家之间的私人通信是一种无序的自发行为，权力与权威的缺失决定了科学交流的随机性和无组织性特征。

书籍是这一时期向社会和公众公布研究成果的重要途径，齐曼认为，“十七世纪科学革命以前，新的科学观点公布于众的唯一途径是通过专门印刷出版的书籍”②。比如，尽管哥白尼的伟大著作《天体运行论》的销量十分惨淡，但还是在少数天文学家中得以传播，并最终产生了深远影响。又如 1543 年出版的安德烈亚斯·维萨留斯的《人体结构》一书，刚发行便产生了广泛的社会影响，并迅速成为医学教学的经典之作。但是由于交通和通信设施不甚发达，这一时期的非正式交流较少，而且多是科学家自发组织的活动。

总体来看，体制化之前的科学交流属于科学家的偶发行为，交流范围

---

① ［英］丹皮尔：《科学史——及其与哲学和宗教的关系》，李珩译，广西师范大学出版社 2009 年版，第 157 页。

② ［英］齐曼：《知识的力量——科学的社会范畴》，许立达等译，上海科学技术出版社 1985 年版，第 86 页。

和程度有限、缺乏制度性保障是其重要特征。这种情况不仅影响了知识交流的速度和效率，并且由于缺乏权威的评议机制，科学知识体系的构建也相当缓慢。从某种程度上讲，这种情况已经严重影响了科学知识的生产能力以及科学的社会功能的发挥。

（二）科学体制化之后的学术交流

随着科学研究对于交流需求的日益增长，以私人通信为主的交流方式逐渐暴露出它的局限性。而科学体制化之后诞生的科学期刊则成功地解决了这一矛盾，同时科学期刊也成为科学体制化的重要标志。

通常情况下将1660年英国皇家学会的成立作为科学体制化的标志。“1665年《皇家学会哲学会刊》的出版，既开辟了通过学术杂志传递和保存科学知识的新的、更恰当的途径，也成为扩展科学家社会互动并使之公开化的制度，更有利于使科学家的互动摆脱面对面的时空约束……”① 不过最古老的科学杂志似乎是1665年在巴黎首次发行的《学人杂志》，它比《皇家学会哲学会刊》要早出版三个月。科学杂志实际上是由科学家的私人通信发展而来的，印刷出版的科学杂志不仅可以永久保存学术信息，还可以将其传递至边远地区的科学家。最初科学期刊的格式并不规范，发表的内容也很散乱，包括科学家的笔记、科研工作者的论文、特定科学领域的进展报告，以及关于新发现的公告等，内容涉及所有的学科领域。

此后大量的科学期刊和文摘杂志相继问世。《皇家学会哲学会刊》也先是分成物理学和生物学两个分册，后来又相继创办了天文学、化学、地质学等不同学科的杂志。实际上，自科学杂志创办以来，“每隔十年，每种杂志的数量就翻一番”②。同时科学期刊中所发表内容的及时性和广泛性也不断塑造着它在学术交流领域中的权威。直到今天，纸质科学期刊也仍然是科学知识交流和传播的重要阵地。英国杂志《发现》和《化学》的著名编辑迪克评论道，“假设没有定期刊物，现代科学当会以另一种途径和缓慢得多的速度向前发展，而且科学和技术工作也不会成为如同现在一样的职业”③。

科学的职业化不但为科学家提供了科学研究必要的经费支持，而且逐渐建立了完善的知识成果转让机制。之后科学家间的定期互访、周期性的

---

① 李正风：《科学知识生产方式及其演变》，清华大学出版社2006年版，第200页。

② ［英］齐曼：《知识的力量——科学的社会范畴》，许立达等译，上海科学技术出版社1985年版，第97页。

③ 方卿、徐丽芳：《科学信息交流研究——载体整合与过程重构》，武汉大学出版社2005年版，第110页。

学术会议、不定期讲学等学术交流活动日益增多，各种学术论文集、研究报告、科学报刊等新的出版形式也大量涌现。

科学体制化之后的科学交流对于科学研究活动产生了两个重大影响。一是塑造了规范的学术交流形式。定期发行的科学期刊不但逐步统一了写作规范，使得论文更具可读性，而且逐步建构了数学、化学等自然科学的形式化语言。比如，牛顿所发明的流数法和莱布尼茨发明的微分学两套形式化语言在科学史上曾有过很长一段时间的博弈，但最终莱布尼茨于1686年在《教师学报》中首次使用的积分符号“$\int$”所代表的微分学方法获得了欧洲大陆科学家的推广普及，并最终成为微积分学中的主流表示形式。二是建立了同行评议制度，为科学知识提供了“合法性”保证，塑造了学术权威。正式的学术出版扩大了知识的传播和使用范围，而同行评议制度不仅表征了科学自治的特殊内涵，而且是科学知识获得共同体认可从而获得“真理”身份的重要制度安排。

（三）新时期的网络学术交流

20世纪之后，科学知识的爆炸式增长对科学交流构成了巨大的压力。通过纸质载体进行交流存在获得成本高、交流速度慢、不利于检索等弊端，同时，随着文献数量的不断增长，资源浪费问题也日益突出。而网络通信技术的发展则适时地解决了这些问题，新技术满足了科学知识生产活动中不断增长的存储、检索和传播知识的需求。兰开斯特甚至在1973年就曾预见过无纸的电子情报系统的出现，“通过描述将来某个时候可能存在的系统的梗概，来说明用于科学交流的无纸系统的可能特征，看来是可行的”①。

20世纪80年代以来，发达国家纷纷开始建设新的科研基础设施，并试图联结全球的学术资源。1992年由美国副总统戈尔提出、1993年正式实施的美国国家信息基础设施计划（National Information Infrastructure，NII）即是兴建信息高速公路、实现海量资源共享的典型案例。我国教育和科研网络的建设也于1996年被国务院确定为全国四大网络工程之一，主要为科学工作者提供学术资源建设和信息资源共享等服务，目前已有1000多所高校接入。

需要指出的是，网络载体中的信息传递方式与以往载体中的信息传递方式最大的差别是它呈现的是一种“虚拟现实”，其物理实在是存在于不

---

① ［美］兰开斯特：《通向无纸情报系统》，庄子逸等译，科学技术文献出版社1988年版，第124页。

同服务器和终端用户之间的二进制数字信息。从香农信息传输理论来看，信息需要从信息源（如在线数据库等网络知识资源）经过信道（如数字光纤）传递给终端用户（计算机），中间需要经过编码、调制等信号处理过程，信息在用户端被接收并通过信号处理方法得以重建。所以从本质上看，该过程属于信息的重构，因为“客体信息必须通过工具中介的选择、变换、改造和重新建构才能到达人之感官”①。

网络知识资源库变革当代科学交流体系是在最近三四十年中发生的，但是与以往交流方式的过渡需要经历较长时间不同，该技术很快就获得了科学共同体的集体认同。科学界正积极地进行着学术资源库的建设，比如科研院所的信息网络、高校的电子资源平台等。齐曼认为，“科学交流是一个伴随着进化的认识论结果的动态过程，与已经达到的静止状态的陈述或重新陈述几乎没有关系”②。基于网络技术的当代学术交流环境是包括技术因素在内的异质性行动者共同塑造的结果，目前仍处于持续的演化之中，迄今为止其影响还没有完全显现。OECD 1998 年发布的“全球研究村”中认为，“预测 ICT 对于科学系统的影响是很困难的。技术正飞速发展，它的潜力和局限性仍没有被充分理解”③。

二　作为一个系统的科学交流体系及其功能

“科学”一词源于中世纪的拉丁文 scientia，原意指的是“知识”。科学发展到今天，其结构和功能已经很难用几句话描述清楚，正如贝尔纳所说，“科学在全部人类历史中确已如此地改变了它的性质，以致无法下一个合适的定义……科学不是个能用定义一劳永逸地固定下来的单一体”④。很多学者，如丹皮尔、默顿、齐曼、巴伯等都从不同视角定义过科学。李正风对科学知识的定义进行了详细的分析，认为科学知识存在“对象”“方法”和“所有权”三个理解维度，认为科学是一项生产性活动和生产性制度，是“实践建构的”，取得了丰富的认识成果⑤。但不管如何定义，科学知识总是包括两个不同的认识维度：一是科学知识的内容，它是指通过科学实验等方法获得的关于自然规律的形式陈述和经验总结的集合，通常表现为科学理论和学术资料的形式；二是科学家的活动以及科学与社会

---

① 邬焜：《信息哲学——理论、体系、方法》，商务印书馆 2005 年版，第 178 页。
② ［英］齐曼：《元科学导论》，刘珺珺等译，湖南人民出版社 1988 年版，第 102 页。
③ OECD，*Science*，*Technology and Industry Outlook* 1998，Paris，1998：74.
④ ［英］贝尔纳：《历史上的科学》，伍况甫译，商务印书馆 1983 年版，第 6 页。
⑤ 李正风：《科学知识生产方式及其演变》，清华大学出版社 2006 年版。

的交互作用，表现为科学家的全部行为以及科学子系统与其他社会子系统之间的关联。总而言之，科学不仅是科学家的探索性和创造性劳动，还是一种特殊的建制化的社会性生产活动。

“知识”自诞生之日起就存在着哲学认识论、科学社会学、组织制度学等各个研究视角的不同定义。作为“知识”的一种特殊存在方式，科学更是一个包括多个认识维度的概念集合，比如齐曼就认为，科学知识产品具有不可替代性、不可加性、不可逆性、非磨损性、不可分性、可共享性和可增值性七个方面的特征。科学知识产品不同于其他社会产品的特殊规定性决定了进行知识交流的必要性。齐曼认为，“公有主义规范激活了一个精美的交流系统。研究结果，除非它们被报告、散发、分享，并且最后由于正式发表而成为公共资产，否则就不能算作科学的”①。特别是在科学由“小科学”时代进入“大科学”时代之后，科学研究的复杂性和协作性特征更加明显，科学促进经济增长和社会发展乃至提高国家竞争力的功能日益凸显，人们也越发意识到科学交流对于科学研究事业的重要意义。

科学交流的主要目标是进行知识的传播和共享，表现为科学家之间的交流沟通和讨论磋商，很多学者都曾指出过科学交流的重要性（Meadows，1998；Garvey，1979；Paisley，1984，等等），不少组织和学者也曾给出过科学交流的定义。美国图书馆协会②曾定义道：“科学交流是一个建设学术研究文献、进行质量评估、在学术共同体中扩散并为未来的应用做保护的系统。该系统包括正式交流（比如经过同行评议的期刊）和非正式交流（比如邮件清单）两种方式。”③ 此外很多学者也都关注过科学交流的定义问题。Whitely 从组织行为学的角度阐释了科学交流活动，以描述科学家同行之间的交流方式。Garvey 则将科学视为一个社会系统，将科学交流定义为“发生在科学家之间的信息交换，而不是科学系统与社会系统之间的商业行为，尽管科学家经常被包括进该行为之中”④。该定义从技术与社会的互动关系出发，明确了信息发生、交换以及使用过程中的体制规定，

---

① ［英］齐曼：《真科学》，曾国屏等译，上海科技教育出版社 2002 年版，第 133 页。

② The Association of College and Research Libraries，为美国图书馆界的专业组织，全球最大的信息情报协会之一，旨在通过科学交流促进全世界图书馆服务功能的发挥。

③ Association of College and Research Libraries，“Principles and Strategies for the Reform of Scholarly Communication”，http：//www. ala. org/ala/acrl/acrlpubs/whitepapers/principlesstrategies. htm. ，2006（Accessed September 26，2009）.

④ Garvey W. D. ，*Communication：The Essence of Science*，Pergamon Press，1979：9.

也是关于科学交流较为权威的定义。之后，伯格曼又对该定义进行了扩展，认为不能将学术交流和学术出版混为一谈，并认为“从更广泛的意义来看，科学交流包括通过公共和私人途径使用和扩散信息的正式和非正式行为”①。按此定义来说，科学交流包括所有通过正式和非正式渠道传播、共享、评价和使用学术信息的活动，而科学交流活动也涉及广泛的学术信息增长、不同学科领域之间的边界、不同科研组织机构的信息需求、正式与非正式交流之间的关系等问题。总体来看，科学交流活动承载着以下功能：

第一，通过知识共享促进知识的增长。科学是一项集体性的事业，科学知识大厦凝聚了人类的集体智慧，所有个体都是在充分利用了前人研究成果的基础之上为这项集体性事业增砖添瓦。科学社会学的创始人默顿认为，“科学是公共领域的一部分，这种制度性概念，是与科学发现应该交流这一规则联系在一起的”②。科学知识产品不同于其他的社会产品，不具有占有上的“排他性”和使用上的“不可重复性”，而科学知识的“公有性”规定也是科学家创造性劳动的最高体现，“‘公有主义’是政府与科学、社会与科学之间‘集体契约’的制度性要求”③，这已经成为科学家的一种职责。科学交流的目标是实现知识的共享，畅通的学术交流是实现知识共享、促进知识进步的重要保证。

第二，通过学术评价保证科学的“真理性”。科学发展到今天，知识产品已呈爆炸式增长，“把我们带进现今科学世纪的每15年一次的稳定倍增”④，科学大部分都是当代的，充分、畅通的信息交流是知识生产过程中重要的智力资源供给，也是进行知识评价和纠错的必要环节。著名的科学情报学家米哈伊洛夫指出，“为了使科学创造得以实现，科学家应当拥有一切必要的科学情报”。⑤ 特别值得注意的是，科学交流是评价科学成果、进行学术质量控制的必要路径。贝尔纳甚至认为，“有必要全面改组科学交流的整个机构。……需要认真地考虑解决科学交流的全盘问题，不

---

① Borgman C. L., *Scholarship in the Digital Age—Information, Infrastructure, and the Internet*, MIT Press, 2007: 48.

② ［美］默顿：《科学社会学——理论与经验研究》，鲁旭东，林聚仁译，商务印书馆2004年版，第370—371页。

③ 李正风：《再论科学的规范结构》，《自然辩证法通讯》，2006年第5期。

④ ［美］普赖斯：《小科学，大科学》，宋剑耕等译，世界科学出版社1982年版，第7页。

⑤ ［前苏联］米哈伊洛夫等：《科学交流与情报学》，徐新民等译，科学技术文献出版社1983年版，第11页。

仅包括科学家之间的交流的问题，而且包括与公众交流的问题”①。

第三，通过知识扩散促进科学的社会功能的发挥。在科学研究日益担负着更多经济和社会发展目标的情况下，高校和科研院所、工业企业以及政府之间正表现出复杂的“非线性交互作用”，科学知识的共享更成了一种内在规定。另外，充分的科学交流可以促进研究思想和方法在不同知识领域中扩散，推动不同学科相互促进与协同发展。克兰认为，在基础研究、应用研究和技术创新之间一直存在着相当可观的思想交流，并且引用霍尔顿的话强调，“正在迅速扩散的领域之中发生思想交流是可能的，因为这些领域共享某些概念”②。

第四，通过学术交流构造和巩固科学家在共同体中的地位。科学交流过程同时也是波兰尼所说的“科学共和国”的社会秩序不断建构的过程。默顿曾指出，“承认”是科学界的唯一通货，决定了科学家在科学共同体中的学术声望。科学共同体对于科研成果的集体认同则决定了科学家在科学界的社会分层，同时科学家的社会分层反过来又影响了他们的科研成果被认可和交流的程度。科学界的社会分层与科学知识交流的关系问题是科学社会学中的一个重要问题。科尔兄弟曾对科学界的分层情况与学术交流的关系问题进行过深入的研究，通过对高度体制化的物理科学的引证者和被引证者的等级、获得奖励的数量等问题的比较研究，他们认为“分层体系中的地位对谁利用成果这个问题的影响，部分应归于那项成果的质量。著名科学家更可能利用著名科学家的成果，因为那项成果的质量较高”③。

第三节　STS 视域下当代科学交流体系的构建及其主要特征

新的网络技术环境不但催生了当代科学交流活动的新模式，甚至塑造了当代科学交流体系的新结构。从 STS 的视角看，当代科学交流体系展现了科学家的行为规范和科研活动中新的价值判断。网络环境下的当代科学

① ［英］贝尔纳：《科学的社会功能》，陈体芳译，广西师范大学出版社 2003 年版，第 292 页。

② ［美］黛安娜·克兰：《无形学院——知识在科学共同体的扩散》，刘珺珺等译，华夏出版社 1988 年版，第 98 页。

③ ［美］科尔等：《科学界的社会分层》，赵佳苓等译，华夏出版社 1988 年版，第 195 页。

交流体系显示出很多新特征，更加激发了当代科学知识生产活动的潜力。

一　STS 视域下的科学交流体系的构建

科学不仅是人类集体智慧的结晶，同时也是承载了独特价值规范的社会建制。[①]“自由”与“求真”是科学重要的认识导向，而“定向”和“致用”则是科学重要的制度要求，两者是“应然”和“实然”的关系。巴恩斯认为，“现代科学，亦即我所谓的科学研究及其各种与它相关和它所需要的任务和事业，在所有人类活动中，不仅在实践上最为重要，而且就其本身而言也是最令人感兴趣的活动之一”[②]。科学交流贯穿于科学研究活动的始终，不但体现了知识流动和扩散的活动维，还包含着科学解释和评价等认识维，“共同体概念的本意，是其成员之间的积极的互动——即交流（Communicaiton）”[③]。科学交流体系包含很多要素，明确这些要素以及它们之间的相互关系，对于认识科学交流体系的内部结构和系统功能非常重要。

科学交流行为不但体现了特定历史时期科学家的工作模式，还反映了科学间的互动方式。将科学交流活动置于“社会—技术”互动的语境之中是 STS 研究视角的重要特征。比如，詹科斯基基于知识创新的视角认为，“科学交流可以被看作科研发现从某个研究项目、大学院系或组织机构向外扩散的过程，其最终目的是共享和贡献知识”[④]。该定义基于实证主义的科学观，强调知识的生产、流动和处理的内在关系，试图把握科学技术与社会之间的互动关系。

从 STS 的视角看，科学交流体系包含复杂而严密的逻辑结构。对于该体系的考察存在两条不同的研究进路，一是对于科学交流具体过程的研究，二是对于科学交流体系组织结构的研究。1990 年雷如曾建议将科学交流体系的结构与过程的研究融入“无形学院”的问题之中[⑤]。而 Ji－

---

① 科学是一项集体性事业的认识可追溯至 Fleck 的《科学事实的起源与发展》（Fleck，1935），之后很多著名的科学哲学家和科学社会学家的著述中都秉承了这一认识，比如默顿（Merton，1942）、巴伯（Barber，1952）、波兰尼（Polanyi，1962）、库恩（Kuhn，1962），以及最近的齐曼（Ziman，2002），等等。

② ［英］巴恩斯：《局外人看科学》，鲁旭东译，东方出版社 2001 年版。

③ ［英］齐曼：《真科学》，曾国屏等译，上海科技教育出版社 2002 年版，第 128 页。

④ Jankowski N. Eds.，*E－Research：Transformation in Scholarly Practice*，Routledge，2009：7.

⑤ Lievrouw L. A.，*Reconciling Structure and Process in the Study of Scholarly Communication*//Borgman C. L. Eds.，*Scholarly Communication and Bibliometrics*，Sage Publications，1990：59－69.

Hong Park 则认为学术交流与 STS 之间的交集恰恰体现在“过程”和“结构”两个方面①，并指出了 STS 研究与学术交流中问题域的交叉关系（如图 2 – 3 所示）。具体来说，科学交流的“过程”指的是通过正式和非正式的途径传播和使用学术信息的过程，正式交流包括科研题目和科研对象的选择、科研工具的使用和科研数据的甄别、科学家之间的讨论交流等内容。另外，研究成果在正式发表之前也可能通过论文预印本、个人网页等非正式交流途径进行传播，该过程对于科研成果的凝练和提升非常重要。

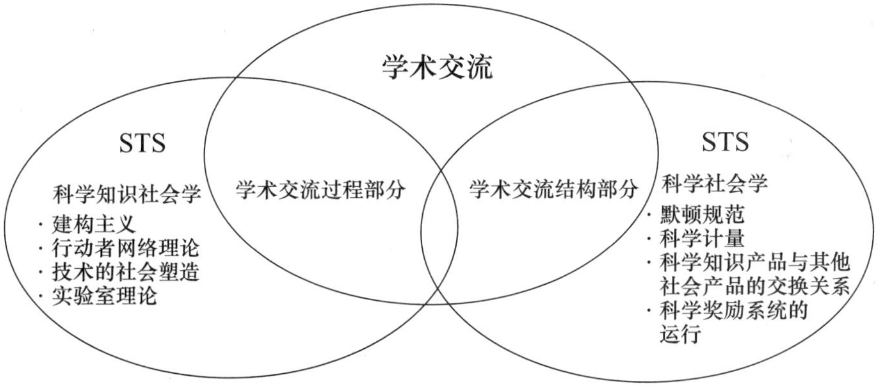

图 2 – 3　学术交流与 STS 问题域的交叉关系

资料来源：根据 Ji – Hong Park，“The Relationship between Scholarly Communication and Science and Technology Studies（STS）”，*Journal of Scholarly Publishing*，April 2008：257 – 273 整理。

从知识的流动方向来看，对于科学交流过程的研究包括知识的建构、扩散和使用三个方面。科学交流的过程包含一个复杂的行动者网络，鉴于具体交流过程中作者、读者以及出版商之间关系的复杂性，克林和科威曾提出将科学交流系统看作一个“社会—技术”系统，并主张在此框架中分析科学交流活动。伯格曼和弗纳也认为，“我们已经见证了电子通信环境下学术交流过程的质量和数量的变化，这些过程包括科学家之间复杂的合作、磋商，科研成果的修辞和交流，学术关系网络的建构等”②。可见，

① Ji – Hong Park，“The Relationship between Scholarly Communication and Science and Technology Studies（STS）”，*Journal of Scholarly Publishing*，2008（3）：257 – 273.

② Borgman C. L.，Furner J.，“Scholarly Communication and Bibliometrics”，*Annual Review of Information Science and Technology*，2002（36）：3 – 4.

对于科学交流过程的分析必须结合具体的实践与环境，而微观层面的分析更能反映出科学交流中不同利益主体在“客观”知识形成过程中的具体作用。

科学交流的结构指交流过程中各要素之间的复杂关系，比如期刊论文、作者、图书馆、网络平台之间的交互作用与功能分布等问题，主要包含以下两个分析层面：一是对于组织制度层面的宏观研究，通过该层面的分析可以解释科学交流对于科学研究活动的影响，进而透视科学系统和社会系统的关系。具体来说，该层面的研究主要关注科学交流活动的内在运行机制以及相关要素间的关联方式。二是对科学知识进行统计计量和知识图谱分析等微观层面的研究，比如通过网络分析、引用分析等方法精确地计算特定领域的知识关联性等。克兰得出过处于高产位置的研究者同时也处于连接很多外围研究者的中心节点的位置的结论，而他们之间的连接关系则可以通过共同引用网络进行分析，该网络可以追踪并呈现出不同学科之间的知识要素关系①。上述宏观分析和微观计量两个层面都属于科学社会学的研究进路。

从所关注的问题来看，科学交流的“结构”问题契合结构功能主义的研究进路。它从科学体制的独特性出发，着眼于科学内部的运行规范和价值诉求，主要关注同行评议、科学界的分层、论文的引证分析关系等问题，属于传统科学社会学层面的问题。赫斯曾将科学社会学称为“科学的组织社会学”，并强调其研究纲领的职业视角；本·戴维等也认为，“科学社会学一直将科学的制度特征作为其研究传统”②。朱克曼曾将科学社会学的研究方法归纳为三大类，“第一，关于科学工作的社会和认知方面的组织问题；第二，关于科学知识的社会学方面的问题；第三，科学及其社会语境的交换关系问题”③，本书希望利用第三类方法考察网络环境中的知识资源库所带来的新的社会问题。

科学交流的“过程”问题契合建构主义的研究进路，它试图深入知识生产的微观环节挖掘知识的社会建构过程。对于科学知识社会学（SSK）来说，不管是其早期较为宏观的利益分析模式，还是后期的微观实验室研

---

① ［美］黛安娜·克兰：《无形学院——知识在科学共同体的扩散》，刘珺珺等译，华夏出版社 1988 年版。

② Ben – David J. , Sullivan T. A. , “Sociology of Science”, *Annual Review of Sociology*, 1975 (1): 203 – 222.

③ Zuckerman H. , *The Sociology of Science*// Smelser N. J. Eds. *Handbook of Sociology*, Sage Publications, 1988: 511 – 574.

究，都试图通过追踪科学知识的生产、交流和使用等具体过程，重现科学知识的建构实质，并且质疑了知识的唯一性和真理性。笔者认为，网络知识资源库等新技术在塑造科学交流形态的同时，还构建了知识交流磋商的新的实践环境，对科学交流过程中所有行动者都产生了重要影响。知识获取和共享机制的改变又反过来塑造了科学家的科研行为模式，使得科学共同体对于新技术表现出了集体的适应性，也为我们带来了新的哲学思考。从该视角出发，可以深入考察新的交流实践中知识建构过程以及在此过程中不同行动者间的利益博弈关系等问题。

二　当代科学交流体系的主要特征评析

网络环境下的当代科学交流体系相较于传统科学交流活动，已经呈现出了很多新特征。总体来看，主要表现在以下四个方面：

1. 当代科学交流体系呈现出多元复合的交流格局

首先，当代科学交流体系已经形成了以网络交流方式为主，其他交流方式为辅的多元复合的交流格局。通过网络进行学术交流的方式凭借其高速、高效的优势在科学研究活动中迅速扩散，“尽管新兴的网络载体不可能完全淘汰传统的纸型载体，但是，它取代传统纸型载体在科学信息交流体系中的主流地位则是不可避免的”①。当代科学交流活动已呈现出数据库、电子期刊等正式交流以及网上会议、学术论坛、邮件列表等非正式交流交相辉映的局面。

其次，网络载体颠覆了纸型载体的主流地位，纸型载体的功能也随之发生了重大调整。其一，科学交流是一个复杂的社会过程，仅依靠网络并不能发挥其全部功能，必然需要传统交流方式的补充。同时，按照米哈伊洛夫的科学交流理论，科学交流体系也有其自身的稳定性，传统交流方式在新技术的冲击下仍表现出了强大的生命力。其二，受政策规定、文化传统等因素的影响，纸质期刊仍是重要的学术评价标准。纸质期刊不但可以使科学家获得不同程度的满足感，而且还是职称评定、课题申请等学术评价活动的重要依据。其三，纸型载体自身也在不断地调整完善，以适应新的交流需求。从手写到印刷是历史上纸质交流方式的一次重要变革，而网络时代科学家利用纸型载体的形式更加灵活，比如可以选择打印所需要的知识内容。

---

① 方卿、徐丽芳：《科学信息交流研究——载体整合与过程重构》，武汉大学出版社 2005 年版，第 102 页。

最后，非正式交流发挥了越来越重要的作用。非正式交流在科学交流中始终占有重要地位，据统计，“每位科学家所使用的数据中，80%左右是他在这些资料正式报道之前通过非正式渠道从其他研究人员那里得到的，即通过代表会议、讨论会、预印本或者‘无形学院’的其他一些场合和手段得到的”①。传统的非正式交流多以科学家面对面交流或书信等方式实现，受时空因素的制约。而网络通信技术则使非正式交流得到了某种程度的复兴。电子邮件、BBS公告牌、网络聊天等交流方式不但更加灵活自由，还可以进行在线互动。同时应该注意，如今网上学术论坛、学术博客等非正式交流方式也可以永久保存知识内容，两种交流方式的边界逐渐变得模糊。

2. 当代科学交流体系具备高效可靠的交流效果

首先，当代学术交流方式扩大并提高了科学家交流的范围和频率。网络突破了时空限制，使科学家之间建立了更加自由、快捷的联系，扩大了科学家的社会网络规模，增加了科学家的社会资本。从表面上看，“在这里，科研工作并未发生深刻的变革，就连科研机构的格局也未发生明显的变革”②。但事实上，新的科学交流实践必然带来更多的科研创新，“对许多人来说，互联网是这样一个工具，它使他们能够从事各种科学学科中的新工作，或者以新方式做旧的工作；另外一些人把它看作对科学技术的一种不断演变的创造，这一过程本身已经形成了一门新的学科。……更加带有根本性的是，它正在改变研究与创新的方式”③。

其次，当代学术交流方式加强了科学家之间的交互学习。网络技术的发展使得科学家之间的沟通更具有交互性，可视化的交互环境使得科学家之间的互动学习变得非常普遍。这种互动是非常重要的，“来自不同领域的人的确在互动，而科学也获得了一定程度的统一性”④。同时网络技术平台也对科学家的操作技能提出了新的要求，实际上“通过支持学习过程中技能的发展，基于开放教育资源的ICT对于交流过程产生了积极的影

---

① ［前苏联］米哈伊洛夫等：《科学交流与情报学》，徐新民等译，科学技术文献出版社1983年版，第51—52页。

② OECD，*Science*，*Technology and Industry Outlook* 1998，Paris，1998：69.

③ Chien Y. T.，*The Impact of the Internet on University - Based Research and Innovation in the United States and Japan*，in Branscomb L. M.，et al. Eds.，*Industrializing Knowledge*：*University - Industry Linkages in Japan and the United States*，The MIT Press，1999：439 - 470.

④ ［加拿大］西斯蒙多：《科学技术学导论》，许为民等译，上海世纪出版社2007年版，第191页。

响。……科学家也需要为科学工作进行更好的更有效的使用新技术的训练”①。科学家们往往自愿将他们的研究成果发布到网络上，增加了交互学习的渠道，改变了以往科学家相对封闭的工作环境。

3. 当代科学交流体系构建了相对平等的资源配置方式

首先，网络学术交流环境扩大了科学家获得信息的范围。获得数据和信息的成本高低往往决定着数据和信息是否具有“可获得性”。以往，科学家通常把那些因为时间、空间或技术条件的限制而必须以高昂的成本获得的某些数据和信息视为“不可获得的”。网络技术的发展在降低了科学家获得信息成本的同时，也扩大着科学家获得信息的范围，使许多过去认为不可获得的信息具有了“可获得性”。“数字化图书馆”中以电子形式存储和管理的大量数据成为科学研究新的支撑。

其次，当代学术交流方式改变了信息在科学家之间配置的方式。信息配置的状态是影响科学家知识生产过程中资源分布的重要因素。新技术的发展从两个方面改变了信息在科学家之间的分布状况。其一，在一定程度上改变了以往信息资源过度集中于中心区域的状况，也改变了通过特定中心发布信息的状况，使科学信息资源的分布呈现出“去中心化”的趋势；其二，网络通信技术在科学共同体中实现的科学信息的重新配置，在一定意义上重构了科学家的知识生产能力，甚至影响了科学共同体的传统结构，一定程度上解决了科学共同体中长期存在的信息不对称问题。

4. 当代科学交流体系提供了灵活多样的科研合作模式

首先，当代学术交流模式导致科学家之间的合作规模和合作方式都发生了变化。从合作规模来看，科学家之间的合作比例明显提高，OECD 的相关研究表明，“在生物学、化学、数学和物理学等领域，合作规模不断扩大，这明显与信息通信技术的利用有密切关系。在实验粒子物理学领域，Internet 已经促进了在众多人员有效合作方面所进行的实验。”② 从合作模式来看，一方面，跨越地理和空间限制的远程合作明显增多，特别是国际合作的比例明显提高。另一方面，合作者之间的关系也在发生微妙的变化，如果说以往科学合作主要发生于地位或水平相当的合作者之间，或发生于具有“师生”关系的合作者之间，那么，电子邮件等网络交流方式则大大增加了地位相对悬殊的科学家之间沟通、交流甚至合作的可能性。

其次，当代学术交流模式催生了“网络实验室”等新的科学实践形

① OECD, *Science, Technology and Industry Outlook* 1998, Paris, 1998: 57.

② Ibid., 19.

式。网络技术实现了终端用户登录到网络服务器进行学术信息的访问，而这里的信息除了文本、语音、视频之外，还包括大型实验设备、海量数据库等珍稀学术资源。对于这些资源的远程访问和操作，不但扩展了科学家的研究视域，而且削弱了他们对于中心实验室和中央计算设施的依赖。2008 年 10 月欧洲核子研究中心的大型强子对撞机研究项目启动，中国科学家参与了两大实验。但他们并没有到对撞机所在地工作，而是通过软件对其进行远程访问和操作，即把电子信号转换成物理学家感兴趣的物理量，然后再把这些数据通过网格技术传给我国的科学家。

最后，当代学术交流还产生了新的科研组织形式。科学交流中计算机、网络、虚拟现实等技术的使用，使得“虚拟科研组织”等新的科研组织形式不断涌现。协作机构作为一种新的研究与创新模式，比较具有吸引力的特色之一为：它发挥着实时操作和对实验室实验的推迟获取或者重放的双重作用。新的科学交流实践带来的虚拟科研组织有效地实现了科学资源的跨国家、跨地区流动乃至全球配置。这种可能只有通过网络才能够得以充分发挥的新能力，开辟了跨越学科、机构等制约因素和国界的限制而进行协作的新路径。通过网络进行学术交流和资源共享不但减轻了科研工作的负担，降低了管理费用，而且也提高了协作实验过程中的灵活性，为跨学科研究增添了新的含义。

第三章　网络环境下当代科学交流体系的演化路径

网络环境下的数字知识资源契合了新时期学术交流的内在需求，已经成为当代正式学术交流的主要方式，塑造了一种新型的当代科学交流实践模式。网络信息空间中知识内容的丰富性、信息结构的规范性等特点使得当代科学交流活动呈现出很多新特征，同时也被赋予了很多新功能。从相互建构论的视角看，当代科学交流体系的演进与构建是在与技术要素的互动过程中完成的。

第一节　网络技术构建了知识存取的新方式

传统的知识存取方式已经严重滞后于科学知识产量的飞速增长，经过包括在线数据库等多种新技术形式的长期竞争与科学共同体的主动选择，在线数据库凭借其信息容量大、操作简单、检索速度快等优点，很快成为科学共同体存取知识的标准配置。这种方式适时地突破了传统出版方式的瓶颈，它所构建的科学知识网格也代表了一种新型的信息组织管理模式，科学家的知识获取能力空前提高，“我们已经见证了在线数据库等网络资源数量的快速增长，它们提供了大量实验和观察数据的公共接口”①，这些数据库正在激发新的学术交流实践。从笔者对清华大学的研究生所做的问卷调查来看，91% 的学生认为其主要的学术信息来源于在线数据库，他们经常需要通过关键字、作者姓名等元信息检索科学论文。

---

① Hilgartner S，“Biomolecular Databases：New Communication Regimes for Biology?”，*Science Communication*，1995（17）：240－263.

一　基于网络的知识出版新模式的涌现

（一）网络知识资源库与数字出版模式

数字出版、电子出版、网络出版等不同提法均指基于计算机、网络、流媒体等新技术，以数字形式传播科学论文等知识产品的出版方式，“当声音、图像、语言被数字化编码为 0 和 1 复杂的组合时，它们也就被从物质存在域中抽取出来”①。如今，数字图书馆、机构知识库、信息情报中心所提供的在线数据库服务已成为数字出版最为主要的形式。在与多种出版模式的竞争性选择中，数字出版表现出极大的优势。以我国为例，“我国 2009 年共计出版自然科学、技术类期刊 4926 种……同时，电子出版物发展态势较好，与去年相比，品种增长了 10.76%，数量增长了 45.30%”②。

克林认为数字出版是一种新的学术交流实践，并从开放性、可获取性和可信任性三个维度对其进行了分析。他认为，“说电子出版极大地扩展了获取的范围实际上是将其功能过分地简化了”③，并且认为对于数字出版而言，保证知识“真理性”和“客观性”的同行评议机制显得更加重要。

除了便捷性、快速性和易组织性等特征外，数字文档的无限生命周期、海量信息存储能力、内容的可恢复性和可修改性等特点也是加速纸质出版方式向数字出版过渡的重要原因。在线数据库等网络资源集成了大量的数字知识资源，为科学知识生产提供了新的契机。首先，网络技术突破了纸质出版规模上的制约，利用网络服务器存储科学信息基本上不受容量的限制。其次，数字出版的周期大大缩短，这也意味着知识扩散的效率大大提高。再次，数字出版改变了知识的呈现方式。网络中非线性的信息组织方式更适合有效管理科学论文这种标准化的知识单元，使得地理位置上分散的知识内容得以按逻辑关系重新组合。最后，数字知识内容更具可操作性。传统的纸质出版中，论文一经出版，即使发现错误也很难更改，而数字出版则可以随时修正已经出版的知识内容。

---

① ［美］波斯特：《信息方式——后结构主义与社会语境》，范静晔译，商务印书馆 2000 年版，第 103 页。

② 国家新闻出版总署网站，http：//www. ppsc. gov. cn/tjsj/201009/t20100907_ 76674. html，访问时间为 2010 年 12 月 18 日。

③ Kling R. , McKim G. , “Scholarly Communication and the Continuum of Electronic Publishing”, *Journal of the American Society for Information Science*, 1999（10）：890 –906.

纸质（Print）模式和电子（Electronic）模式共存的混合模式是当前科学论文出版的主要形式。其中P模式主要满足图书馆、资料室以及个人的订阅需求，而E模式则成为科学研究中信息的主要来源。一般来说，纸质出版与网络出版的重要差别是，纸质期刊出版更多地包含着“声明知识的发现”的意蕴，而网络在线出版则可为科学研究提供即时更新的信息和数据。据国家新闻出版总署的统计，纸质出版的总量正不断下降，与此相对应，数字出版总量却在不断上升。这一方面体现了两种模式共存时期技术因素对于科学家交流模式的塑造，另一方面也反映了科学家群体对于数字出版模式接受程度的不断提高。不得不提及的是，数字出版方式中对于科学知识准确性与可靠性的要求与传统的纸质出版并无二致，规范性、严谨性等价值判断仍是网络学术交流中的重要制度性要求。

从笔者对清华大学等高校教师所做的访谈来看，通过在线数据库等网络资源库下载学术论文已经成为学者们的常规科研活动。就获取对象来看，电子期刊的使用频率要远高于电子图书。而对于比较经典的教材和著作，他们一般会选择阅读纸质文献。从中可以看出，科学论文具有更新速度快、时效性强等特点，整个科学知识生产过程中需要不断地进行选择性阅读。而经典著作则属于在某一学术领域得到公认的起奠基作用的知识内容，比如《量子力学》《广义相对论引论》等著作，认真、细致地研读此类文献有利于夯实科学家的专业基础知识。可见，交流需求与技术特征共同决定了交流方式的新变化。

（二）数字出版的新形式

数字出版模式是指“融合了计算机、网络的出版方式，特别是直接将文本或其他知识形式在线传送给用户的形式”①。随着技术的不断进步，在线数据库中除了收录科学论文和电子图书等传统知识形式外，还涌现出了很多新形式，比如虚拟期刊、开放评论杂志、交互性期刊等，它们赋予了科学交流交互性、虚拟性以及灵活性等特征，丰富了科学交流实践活动。

首先，虚拟期刊重构了既有学术资源的分布。虚拟期刊包括两层含义，一是运行在一个大型服务器上的期刊系统被分割成多个具有独立域名和IP地址的期刊子系统，这些期刊子系统独立工作，可以向更多的对象

① Ross T., Ross M. *Complete Guide to Self-Publishing: Everything You Need to Know to Write, Publish, Promote, and Sell Your Own Book (Self-Publishing 4th Edition)*, Writer's Digest Books, 2002: 480.

提供在线虚拟服务；二是将地理位置上分散的（如分布于不同的图书馆或情报机构中）信息内容组合成逻辑上相关联的统一体，构成某一领域大量“来源”期刊的在线汇总。比如美国物理协会（APS）和美国物理联合会（AIP）共同组建了一个数据库，它包括6种虚拟期刊，由国际著名学者担任编辑，收录的内容是从90多种来源期刊的最新一期中遴选的，每月更新一次。虚拟期刊试图突破传统电子期刊物理位置分散的限制，提高这些期刊资源逻辑上统一管理的可能性。

其次，开放评论使得在线数据库等网络知识资源库的交流过程更加灵活自如，改变了程序化、规则化的传统出版过程。比如很多在线期刊为科学家提供在线评论服务，构建了科学知识交流与评价的新平台；再如很多电子期刊新增了科学论文的动态更新功能，使得科学信息的获取更加及时、准确。另外，针对客观的科学知识内容的生动评论也为科学交流增添了相对灵活的元素，增加了知识的磋商意涵。由德国马克斯·普朗克学会出版的《相对论生活评论》（*Living Reviews in Relativity*）杂志即采用了更加生动灵活的、对科学家来说颇具吸引力的编辑规则，比如动态地增加弹出式的小窗口以指明新修改的知识内容，永久性地保存论文的最初形式和所有的更新记录，等等。

最后，交互式的多媒体期刊代表了未来数字出版的一个新方向。不断增加新元素以增强交流效果是未来网络知识资源库发展的重要方向，它包含两个方面的内容：一是音频、视频、动画等新的知识表达形式所占的比重将不断增大，二是开放式、交互式的知识探讨和磋商机制将不断完善。比如，互动式的多媒体计算机电子期刊（Interactive Multimedia Electronic Journal of Computer，IMEJ）等新型期刊正获得越来越高的显示度和影响力。伯格通过研究发现，虽然多媒体出版方式早在20世纪90年代早期就曾被预测，但迄今为止，仍然没有产生多少真正具有巨大影响力的多媒体期刊①。毋庸置疑，新型的交互式的数字出版方式不仅可以为科学知识生产提供更充分、更及时的信息内容，还表明了社会的、心理的因素在科学知识形成过程中的重要作用。

以上新的知识出版形式已经成为传统数字出版方式的有益补充，不断构建着新型的科学交流文化，赋予了科学交流互动、讨论、磋商等新内涵。Stevan Harnad 认为，网络环境下“所有的知识查询和探讨阶段——从

---

① Burg J., et al., “The State of the Art in Interactive Multimedia Journals for Academic”, *Interactive Multimedia Electronic Journal of Computer – enhanced Learning*, 2000 (2): 37 – 42.

非正式的大脑风暴到正式研究领域中的同行批评之后，才能正式提交到期刊以接受同行的评审”①。同时从笔者所做的访谈来看，很多人认为在线知识资源库这种新型的知识出版和交流方式所提供的超强的知识获取能力和开放的学术交流环境对当代科学研究产生了重要影响。

网络知识资源库的不断发展与普及还逐渐模糊了各种出版形式的传统边界。如今数据库中的期刊与专著都以电子文档的方式呈现，它们之间的区别越来越不明显。再如，近些年来，在线数据库等网络资源中不断涌现出各种融合了传统出版、最新报告、在线评论等多种形式的综合出版形式。

二　基于网络的模块化与知识网格的新构造

全球范围内的信息基础设施网络搭建了学术资源数据库的硬件平台，在线数据库等网络技术则在此基础上构造了全球范围中的知识网格。从理论上看，所有接入数据库中的合法用户都具有访问甚至管理全球知识资源的能力，科学家拥有了主动检索有用信息的知识“搜索者”形象。科学信息也不再在发布者与接收者之间单向、定时地传输，学科导航、超链接等新技术工具使得学术交流呈现为多主体之间互动交织的复杂图景。深入理解网络知识资源库的工作机理有助于我们把握当代学术交流环境的主要特征。

数字化技术是利用网络进行信息传送的重要技术，实际上网络中所有的信息内容都被编码成了二进制的数字信息。数字信息的模块化是网络中信息组织和管理的基础，也是实现超文本和超链接的基本单元；而超链接技术则是保证科学家可以在知识网格中随意“跳跃”的主要技术形式。

（一）知识的模块化构造

知识的模块化是指按照固定格式封装好、可以进行单独控制并完成特定功能的单元结构，它实现了知识的分解、重组和分化，并可按照约定的规则组合成知识的标准单元。模块化主要是逻辑意义上的指涉，在程序编写、软件设计中使用得较为普遍，在信息传输中则表现为携带了诸如版本、总长度、源地址和目的地址等不同信息内容的数据包。

模块化的知识构造模式是实现知识导航的基础。导航是在线数据库等网络知识资源中的重要技术，它是按照知识的类型、内容等标准进行分类

---

① Harnad S.，“Scholarly Skywriting and the Prepublication Continuum of Scientific Inquiry”，*Psychological Science*，1990（1）：342－343.

从而实现知识的组织和管理的一种方法，是当前科学知识跨库查找的主要实现方式。利用导航技术可以高效地指向目标知识内容，“图书馆网站是网络环境下图书馆揭示馆藏信息资源的重要窗口，应该对各个学科领域网络资源提供权威可靠的导航”①。这种知识的组织管理方法不仅展现了数据库中模块化知识的组织协调性，也暗含了不同知识内容之间的关联。

大量的在线知识资源已经构造了一个无缝链接的全球数字知识网格，读者可以按路径查找并获取相关的信息内容，同时知识的搜索过程也是知识模块按层级展开的过程。新的交流方式为读者提供了更多主动选择的机会，知识网格中所包含的超文本和知识模块越多，模块间组合和链接的可能性就越大，与其他知识内容关联的途径也就越多，赋予读者操作的空间也越大。劳勒通过研究认为，“各种互补型的 A&I（Abstract and Index，摘要和检索）数据库之间的交叉连接将持续增多”，并且“传统数据库中的 A&I 功能一定要能够适应当代的交流需求”②。

学术交流过程中的模块化知识构造具有以下主要特征。一是模块化拓展了知识的非线性关联，使得知识的微观结构和内部关联状况更加清晰，用户可以按照知识的逻辑关联直观地迅速查找所需要的知识内容，从而提高了学术交流的效率。二是模块化的知识是按照逻辑规则进行组织管理的，逻辑关联关系可以根据科学家的需要来确定，与科学文本的大小和内容无关。三是模块化的数字出版方式可以按照实际需求灵活确定出版内容，同时出版过程还增加了很多多媒体的表达元素，不但节省了资源，而且表现形式更加灵活多样。四是模块化扩展了知识的使用方式，知识被封装成能够完成既定功能的模块，科学家可以通过改变参数直接调用整个模块的功能，避免了知识生产中的重复劳动。在当代科学知识生产活动中，知识模块已成为科学交流的重要单元结构，利用已有模块“搭建”科学知识大厦也已成为科学知识生产的重要特征。

同时，模块化的知识构造模式适应了知识搜索和管理的需求，释放了利用在线数据库等网络技术进行学术交流的潜能，是一种通过建立知识内容间非线性的、内在的路径关联从而构建其完整的系统结构、展开其相关性的有效方法。

---

① 魏宇清：《图书馆如何在现代学术交流体系中发挥作用》，《图书馆工作与研究》2007 年第 2 期。

② Lawlor B.，“Abstracting and Information Services：Managing the Flow of Scholarly Communicaton—Past，Present，and Future”，*Serials Review*，2003（29）：200 – 209.

（二）超链接与知识网格

利用论文题目、关键词、作者姓名等元信息在在线数据库等网络资源中搜索相关知识是知识获取的常用方法，而 Open URL、Info URL 等搜索标准都提供了按元数据在不同数据库中进行链接的功能，跨库检索技术更是使科学家具备超强的知识获取能力成为可能。跨库检索的方法论预设便是将数据库中的所有信息内容看成是一个无缝连接的封闭集合，而超链接则可实现信息地址间的自由链接，目前大部分在线数据库等网络资源中的信息查找基本都采用这种方式。

超链接支持信息内容的非线性组织，与文本方式中的按顺序组织不同，它允许在数据库中不同逻辑单元之间建立明确的目标指向，使得跨区域的知识检索成为可能。从某种意义上说，网络知识资源库是一种实现了知识的结构化分层的信息组织方式，比如电子期刊中的超文本链接、参考文献之间的链接等。从操作层面上看，HTML 格式的知识内容比 pdf 和 word 形式内容更容易设置超链接。

超链接以及交叉链接技术改变了传统信息组织方式中的隐蔽性和非明晰性等特点，同时也改变了作者与读者间单向的、确定的关系，"超文本链接以多重性的路径提供了一个非线性的语义网络，从而凸显出非线性、非等级、无疆界和课题指向的阅读与思维方式"①。数据库中的超文本知识表达形式塑造了作者与读者之间共生互动的关系，读者不但可以对已有知识内容进行评论，甚至可以为其增加新的知识模块。在这种交流理念下，"作者失去了对于读者的绝对影响"②，同时作者也不再享有知识交流中的绝对权威，新的知识获取和共享方式正逐步构建一种开放的、动态的学术交流范式。

标准化、规范化的文件形式（pdf，tex 等）是构造知识网格的基础，使得网络知识资源库所提供的知识检索能力为科学家提供了"令人瞠目的机会"③。举例来说，早在 100 多年前化学就实现了命名的标准化，标准化的命名在在线数据库等网络资源的知识搜索功能的实现中发挥了重要作用，在线数据库后台中的所有操作是不断地进行归类、整合和提取的过程。

---

① 曾国屏、李正风：《赛博论·赛博空间·社会和文化变革》，《哲学动态》1998 年第 5 期。

② Nentwich M., *Cyberscience: Research in the Age of the Internet*, Austrian Academy of Sciences Press, 2003: 302.

③ Lynch C. A., *Open Computation: Beyond Human - Reader - Centric Views of Scholarly Literatures*, in Jacobs N. Eds., *Key Strategic, Technical, and Economic Aspects*, Chandos, 2006.

但就目前在线知识资源数据库中所采用的超链接信息组织方式来看，知识的目录分层、路径选择和模块格式都是固定的，读者的改动权限非常有限。从这个意义上讲，在线数据库等新的技术形式并没有带来学术交流方式的激进变革，但它毕竟为作者和读者提供了建立新型关系的可能性，改变了传统交流模式中作者对于读者的无限责任，成为理解当代学术交流中作者与读者间新型关系的基础。

网络知识资源库所构建的知识网络试图在不同学科的知识内容之间建立统一的表达甚至组织管理方式，但是不同的学科特质决定了统一处理方法的局限性，而且不同学科的科学家有着独特的交流需求。正如克林所说，在科学交流网络化的过程中，不同的学科领域已经表现出很大的差异①。交流方式的多样性和异质性将是科学共同体的持久特征，而实际情况是，科学家也在不断地进行新技术的选择并推动着交流方式的变革。

在新的技术平台下，使用同样的统计方法对所有的知识内容进行分析，同时利用相同的可视化软件对其进行处理，这就屏蔽了不同学科知识内容间的差异性。同时在使用搜索引擎、进行数据挖掘的过程中，分布于知识网格中不同地域和节点中的知识内容也被按照同样的标识方法进行处理，这也很容易屏蔽不同学科的内在特征（更不用说默会知识了），导致检索结果与目标内容出现了偏差。

当然对于网络知识资源库中的这种信息组织管理方式也存在很多批判，比如对于这种“固定的”信息框架和“标准化”的组织方法的质疑。波斯特在利用福柯的“全景监狱”理论研究信息社会中数据库技术的基础上，提出了著名的“超级全景监狱”理论，用以说明数据库技术对于整个人类社会的控制，并认为“作为超级全景监狱的数据库话语，是后现代信息方式下对大众进行控制的手段”②。

三 基于网络的知识存取方式的新格局

在线数据库、机构知识库等网络资源已成为当代科学知识生产中获取知识的重要途径，同时“预出版”等知识交流方式，即科学家自由地发布、阅读和评价正式发表之前的论文预印本等方式，也成为这些正式交流

---

① Kling R., McKim G., “Not Just a Matter of Time: Field Differences and the Shaping of Electronic Media in Supporting Scientific Communication”, *Journal of the American Society for Information Science*, 2000 (14): 1306 – 1320.

② 高亚春：《数据库：信息方式下的“超级全景监狱”》，《自然辩证法研究》2008 年第 1 期。

方式的有益补充。如今，标准化的数字文档已经成为科学信息存储、发布与下载等操作的基础，但科学信息的主题、学科、语言等方面的差异仍是制约“统一”的学术平台建构的主要因素。

（一）网络知识资源库的知识存取特征

新技术的不断进化和各种交流实践方式的竞争性选择共同塑造了网络知识资源库特有的知识存取模式。总体来看，网络知识资源库中的知识存取具有以下主要特征。

首先，新的知识获取机制为科学家与知识之间提供了新的接口，科学家已经逐渐表现出对于在线数据库等网络资源严重的路径依赖。各种数据库收录了不同领域丰富的数据和信息，并且处于动态的更新之中，学术论文、专利、标准等各种数据库已成为科学研究的重要配置。与此相对应，在线数据库等网络知识资源的购买和建设情况已成为影响科学家知识生产能力的重要因素，也是科学家选择科研单位的重要判断标准。

在线知识资源库还提供了科学与公众的接口，而开放数据库的建设更是拉近了公众与科学之间的距离。数据库可以为读者提供经过同行评议的“正确的”“可靠的”的知识内容，公众在获取这些知识时不必再进行选择判断，这对于各种信息日益泛滥的网络环境来说显得尤为重要。总体来看，在线数据库等网络资源所提供的知识获取方式不但增强了科学家获取知识的能力，还大大提高了公众对于科学的关注度和理解力。莱德博贞（Lederbogen）和垂博（Trebbe）1999 年在德国进行的一项针对大学和研究机构的网络研究表明，公众对于在线科学信息的需求正逐渐增加。

其次，网络知识资源库所提供的知识存取方式带来了科学家身份的融合。新的知识存取方式模糊了科学知识生产链条中各要素间的界限，科学家同时扮演了信息的提供者、检索者、获得者和分析者等多重角色，并且这些角色处于不断的变动中。科学家身份的融合使得学术交流过程变得更加理性，一是科学家的多重身份提高了他们在学术交流中的主动性和判断能力，更容易审视和把握知识体系之间的内在关联；二是多主体多视角的操作机制更容易促进科学知识的扩散，“公共知识体系”的建立有利于提高整个社会的知识存量。

尤其值得注意的是，科学交流身份的融合使得科学家更容易了解科学家同行甚至公众的知识需求，从而不断推动科学发展和技术创新，甚至不断将科学共同体外部的技术形式引入科学交流过程。比如化学标记语言（CML）是一种利用 XML 或 Java 语言来管理分子信息的一种方法，利用该语言可以保证数据以统一的格式被检索和获取，但实际上 CML 就是利用已被广为使用的XML的便捷性共享化学家的设计文档的一种方法，是利用已有技术形式改进科学交流实践的典型案例。

最后，在线数据库中科学家的“交互作用”塑造了知识存取的新范式。网络环境中的在线交流使得交互式的知识存取方式已经得到了科学共同体的集体认同，读者已经变成了“交换式的知识使用者”[①]，主动性与探索性成为当代知识存取模式中的重要品质，阅读文本更像是探索文本的过程。科学家在利用在线数字知识资源库等进行检索和获取知识的过程中，不再囿于被动的“接受者”身份，而是需要不断地发挥主动性和创造性，甚至进行知识的探讨和磋商。如何在最短的时间内汲取最有用的知识内容，如何通过在线的交流互动进行最大程度的思想碰撞已经成为表征当代科学家科研能力的一个重要因子。

新的知识存取环境还要求科学家具备路径选择、判断链接方式和比较模块差异等能力，“有些读者可能会满足于以上所述内容的研究；有些读者可能会希望垂直式地阅读，追求某些深入的主题、评论等内容；甚至有些读者会探索未知方向的导航，寻找符合他们自己的利益的连接，并挖掘那些能够建构他们自己的工作的材料”[②]。同时，网络知识资源库提供的包括图片、图表、动画等形式在内的超文本的知识形式显然比传统的文本形式更为积极有效，它们不但使科学交流过程变得更加生动、形象，同时也内在地要求科学家在知识生产中熟悉并习惯多媒体和超文本等技术形式。

（二）网络知识资源库中知识存取方式的优势

首先，网络知识资源库所提供的知识存取模式提高了知识传播和扩散的速度。具体来说，在线编目数据库中知识内容的查找、信息的交叉链接组织方式的实现都大大提高了知识存取的速度和效率；同时海量存取能力也是在线数据库等网络资源中知识存取的重要特征。克林和麦克吉姆对于电子期刊与学术交流关系的研究表明，知识交流媒介和知识存取方式是影响科学论文发表的重要因素。需要注意的是，尽管新技术缩短了学术期刊的出版周期，但不能以降低知识产品的质量作为代价，实际上网络出版中仍然存在严格的质量控制机制。

其次，检索是在在线数据库等网络资源中进行知识搜索的重要方法。

---

① Dewar J. A., *The Information Age and the Printing Press: Looking Backward to See Ahead*, RAND Online Papers, RAND Corp., 1998: 24.

② Darnton R., “The New Age of the Book”, *New York Review of Books*, 1999, 46 (5): 5 –7.

实际上，除了在线数据库等网络资源之外，学术 Google 等引擎搜索工具也是科学家常用的信息检索工具。随着技术的不断进步，在线知识资源中的搜索引擎日益呈现出简单化和智能化的趋势，数据挖掘技术等新的“知识发现”技术的应用也日益增多。这种知识选择和获取方式对于浩如烟海的网络学术信息资源而言是至关重要的，学术信息的竞争性获得已经成为当代科学知识生产的重要特征。从某种意义上看，及时获取前沿学术信息已经成为科研活动中科技竞争的重要条件。另外，在线知识资源库技术还提供了解决诸如传统交流方式中存在的优先权争论等问题的新标准。

最后，网络知识资源库模式下知识的可获得范围将无限扩大。一方面，网络、计算机等硬件技术的进步带来了超强的存储和计算能力，同时软件设计水平的不断提高也不断推动着数据库技术的发展。另一方面，网络知识资源库也在不断塑造着科学家的科研行为模式，赋予了学术交流崭新的文化特征。克林和麦克吉姆通过研究分子生物和生物制药领域科学共同体建立在线数据库以提供原始数据的案例表明，随着前沿信息获得在科学知识生产中重要性的提高，很多期刊越来越不情愿发表此类重要的数据，而网络知识资源库则适时地满足了这种出版要求，这也成为科学家逐步倾向于通过网络知识资源库查找数据信息的一个主要原因①。兴加特纳也认为，“分子生物数据库的建立已经构建了一种新的学术交流领域”②。科学共同体已经对在线知识资源库这种交流方式表现出了整体上的认可甚至集体依赖。

总之，我们已经见证了在线数据库等网络资源所带来的知识存取方式的历史性转变，而就学术交流的现状来看，新技术仍处于不断的演化发展之中。尽管未来的知识组织和管理方式是否仍会根植于超链接的结构化模式、数字出版在科学交流中主体地位的构建是否会顺利完成尚未可知，但毫无疑问网络知识资源库技术已经深刻变革了当代学术交流的模式，这是技术的变革、社会力量的推动、政府的投资以及科学共同体的集体判断与选择共同作用的结果。新的知识存取模式下，科学家将具备更强的知识获取、分析、控制与组合的能力，这也是未来学术交流的一个重要目标。

---

① Kling R.，McKim G.，“Not Just a Matter of Time：Field Differences and the Shaping of Electronic Media in Supporting Scientific Communication”，*Journal of the American Society for Information Science*，2000（14）：1306 – 1320.

② Hilgartner S.，“Biomolecular Databases：New Communication Regimes for Biology?”，*Science Communication*，1995（17）：240 – 263.

第二节 网络技术打造了学术评价的新机制

随着网络技术的日益普及，学术质量控制问题逐步成为学术资源数据库特别是开放数据库发展中的重要问题。网络的开放性与透明性在便利了知识发表的同时，也带来了知识传播中的风险性，数据库的多用户并行工作模式甚至带来了知识被随意修改的隐患，对科学交流活动中的信息甄别与判断提出了新的挑战。科驰甚至认为“这种增长导致了交流的低效率和弱影响，进而威胁到科学研究过程本身的效率和效果”①。在线知识资源库中的知识内容与用户之间信任机制的建立是新技术发展带来的重要社会问题，“社会和技术之间的互动作用促使社会技术整体处于经济、政治、文化、社会和物理要素的永恒流动和进化之中”②。

实际上，在线数据库等网络资源中收录的数字学术资源同样存在严格的质量控制机制，科学知识的“客观性”与“真理性”要求没有发生变化。同时，在线知识资源库中大量丰富的科学数据和信息还逐步成为学术评价活动的重要参考和支撑，甚至为监控学术科研不端行为提供了新的技术支持，成为监督科学家行为规范的新方法。

一 网络环境下的学术质量控制

网络数据库除了收录传统纸质期刊的电子版之外，还收录大量的纯数字资源。网络中相对公开的知识评审及发表机制很容易带来人们对于网络学术资源质量问题的担忧。实际上，互联网中长期存在着信息过载与有用信息日益贫乏之间的矛盾，质量控制机制的缺失为读者带来了信息过滤、选择以及甄别等一系列问题，对于知识内容的正确性和客观性的辨别也已经成为通过网络获取知识中的重要环节。成全 2010 对于网络环境下的科学知识共享模式的研究表明，“网络始终是信息超载与知识贫乏的统一体”③。

通过网络获取科学信息的过程中，不但缺乏鉴别力的读者很容易被一

① Kircz J. G., Roosendaal H. E., Understanding and Shaping Scientific Information Transfer, in D. Shaw, H. Moore (Eds), Electronic Publishing in Science - Proceedings of the Joint ICSU Press/UNESCO Expect Conference, Paris, 1996: 106 - 111.

② 李三虎：《技术决定还是社会决定：冲突和一致》，《探求》2003 年第 1 期。

③ 成全：《网络环境下科学知识交流与共享模式研究》，《科学学研究》2010 年第 11 期。

些虚假甚至错误信息误导，即使对于高水平的科学家来说，花费大量时间进行学术信息的判断和遴选也是非常棘手的问题。所以，保证学术内容的“正确性”与“客观性”是构建网络数据库合法性的重要途径。从某种角度来看，网络知识资源库中的学术质量控制机制是网络学术资源建设中的重要内容，而严格的同行评议制度则是实现这一目标的重要保证。网络数据库中所收录的知识内容的“权威性”和“可信性”是传统学术期刊“合法”身份的延续，而新收录的网络期刊的“合法”身份的获得需要经过科学共同体长期的集体评价和认可，是多个行动者共同作用的社会塑造过程。

传统的学术质量控制包括编辑评议、编委会评议、同行评议等模式，前两种评议模式由于容易受到编辑个人的学术观点、知识结构等偶然因素的影响，较难做出客观公正的判断。当前学术质量控制中最常用的是同行评议模式，即选取多位同行专家对某项学术成果（科研论文、专利甚至基金项目）进行评价的方式。尽管这种方式也不能保证评审结果的绝对客观公正，仍存在评审中的“运气”因素①，但毕竟是可行性最高而且已获得广泛认可的科研评价方式。龚旭认为同行评议“并非科学家个人孤立进行的，对其同行的科学研究没有任何影响的评议，而是指科学家评议科学研究的一种集体行为，即一种制度化的评议活动”②。在线数据库等网络知识资源库中收录的数字资源的评价机制与传统的评价方法没有太大区别，同行评议仍是最为常用的方法，评价过程也仍以保证知识内容的“正确性”和“客观性”为主要目标，在网络学术资源的交流中发挥着科学知识的“质检员”和“守门员”功能。

从具体的操作过程来看，较传统的同行评议来说，电子期刊的评审流程也出现了一些新的变化。首先，数字学术资源的整个出版流程，从投稿、评审到发表等过程都是在网络环境中进行的，速度和效率都得到了极大的提高；其次，网络环境中的学术交流与质量控制是并行进行的过程，科学知识的交流过程也是科学家对知识内容做出反馈甚至评议的过程，网络提供了多主体参与知识评议的平台。实际上，小范围的同行评议存在天然的缺陷，齐曼认为，“同行评议过程显然是一种高度周转的社会活动，在这里必须达到三种不同利益（作者的、编者的和鉴定人的）之间的微妙

① Cole S.，Cole R，“Chance and Consensus in Peer Review”，*Science*，1981（214）：881－886.

② 龚旭：《科学政策与同行评议》，浙江大学出版社2009年版，第5页。

的平衡”①，甚至政府也怀疑科学家在评审过程中是否出于关注公众的利益的动机②。而自由评论、交互式磋商等在线知识评价机制则成为科学知识内容建构的新方式，多主体、多视角的交流形式扩展了知识评价的渠道。单纯的出版前评议拓展为出版前和出版后的历时性评议也是当代学术质量控制的一个重要特征，出版后的开放评议模式更容易形成科学知识的客观、公正、全面的评价，甚至可以重新修订已经发表的知识内容，“不断的非正式争论——这也是科学生活的典型特征——在因特网上流行开来，因特网成为一个知识建构的集散地”③。

数字学术资源的评价原则仍然包括研究方法的有效性、论证的充分性、计算的可靠性和结论的创新性等方面，而且评审流程同样严格。即使对于最近十几年社会各界一致倡导建设的开放在线数据库等网络资源来说，尽管存在付费方式、版权转让和发表流程上的差别，但这些开放期刊同样遵循严格的同行评议原则，并且很多开放期刊已经具备了较高的社会认可度和显示度，比如开放期刊 PLoS Biology 2009 年的影响因子已达 12.916，在生物学领域 JCR 的排名已位居第一。

如今，电子期刊已经取得了与传统纸质期刊同样的“合法”身份，也已经成为标识科学家的社会分层的重要因子，除了传统的期刊影响因子以及论文转载率等“硬”指标之外，在线、动态的开放评议同样参与了科学家学术声誉的构建。“网络化的多媒体，乃至虚拟现实媒体，构成了赛博空间中知识传递和交流的基本工具。它们不但使信息和知识的传播更加方便、快捷，而且使知识的交流具有了交互性、非中心化、自组织等特点，从而比以往任何时代都更加强烈地冲击着少数人垄断知识和信息的圣人模式”④。从某种角度看，在线数据库等网络资源中的质量控制模式充分利用了网络的技术优势，在扩展传统的评议方式的同时，也促进了学术质量控制功能的进一步发挥。

总之，网络知识资源库中的学术质量控制机制同样严格，评议过程更具开放性，与传统的质量控制机制相比存在以下几个重要差别。第一，评议过程中保密程度的差别。尽管网络评审中的评审内容、评阅人单位等信息仍旧高度保密，但网络毕竟提供了更多的获得本领域的评审专家、同行

---

① ［英］齐曼：《元科学导论》，刘珺珺等译，湖南人民出版社 1988 年版，第 96 页。

② Chubin D. E.，Hackett E. J.，*Peerless Science*：*Peer Review and U. S. Science Policy*，State University of New York Press，1990：4 – 6.

③ ［英］齐曼：《真科学》，曾国屏等译，上海科技教育出版社 2002 年。

④ 曾国屏、李正风：《赛博论 · 赛博空间 · 社会和文化变革》，《哲学动态》1998 年第 5 期。

的研究情况、评审流程及时间节点等相关信息的可能性。第二，黑箱化操作程度降低。传统评议模式中被评审人只能看到最终的评审结果，而网络环境则突破了对于这些环节的屏蔽，技术环境的变化导致评审流程相对透明，科学家可以更多地了解不同阶段的评审细节及评价结果。第三，科学知识的建构特征增强。网络环境为异质性行动者参与科学知识的评价和磋商提供了新的实践空间，在线数据库等网络资源中的知识内容也获得了更多的评价方式和评价途径，而“出版后”的评议方法更是增加了传统意义上的“评议”内涵，开放、交互的评议模式充分表达了科学知识的建构特征。

二　知识内容评价体系与方法的技术化

研究表明，大部分学科的科学期刊的数量每隔 10—16 年就会翻一番。这种增长趋势主要基于以下两个原因：一是科学家数量的快速增长，“历史上大约 90% 的科学家生活在当代”。二是科学研究不断分化、交叉学科不断涌现以及科学知识生产能力不断扩大。普赖斯（1982）通过构建关于科学论文数量增长的数学模型，得出了科学知识产品总量呈指数增长的结论，实际上，科学计量和社会学家克兰（1988）、引文分析的奠基人加菲尔德（1963）等都曾运用统计分析的方法对论文、专利等知识产品进行过计量学分析。到近代，以应用数学和计算数学为基础，西方学界已经发展出知识图谱研究这一交叉学科，它是通过功能强大的科学论文数据库系统来绘制各种与科学知识发展相关的图谱的可视化技术，如艾格赫（1992）、怀特（1998）、陈超美（2002）等均进行过大量相关研究。科研评价指标与方法的技术化已成为科学知识生产活动的重要特征。

（一）科学研究中的统计分析

对在线数据库等网络资源中的科学信息和数据进行统计计量和分析已成为科学评价的重要方法，该方法不但可以很好地描述特定时期科学知识的产出，还可以预测未来科学的发展态势与发展方向，为科技政策的制定提供新的参考。这种研究方法旨在对网络知识资源库中收录的数据信息进行统计学和计量学的分析，已经发展成为以科学计量学、科学知识图谱研究为代表的宏观计量分析范式。

普赖斯开创了对科学文本进行计量学研究的先河，他试图通过构建科学论文增长的指数模型预测科学的发展规律。时至今日，以科学计量学、应用数学、计算机科学为基础，该领域已经衍生出知识图谱研究这一新的研究领域，它是一种通过分析科学论文数据库系统来绘制各种与科学知识发展相关的图谱的可视化技术。比如艾格赫（Egghe L.）引入了多元统计分析概念，并将其应用至引文分析中；怀特（White H. D.）等通过将原始引文矩阵转化为相关关系矩阵后，通过主体维度进行分析，并绘制了相关的知识图谱。

文献计量是利用数学的方法对科学数据进行定量的统计分析，从而进行评价和预测的方法，其目标是揭示科学的内在结构和发展规律。科学计量的分析对象是在线数据库等网络知识资源库中收录的统计数据，计量分析之前需要建立恰当的分析模型，尤其是在可视化的知识图谱分析中，算法的设计尤为关键。

网络知识资源库不仅可以提供下载和引用频次等统计数据，还提供了科学计量、知识图谱等可视化的分析手段，可以非常精确地明晰科学论文、专利等知识产品间的内在关联，使科学知识产品从无序走向有序，从而提高知识预测的能力。而根据论文被转载和引用的情况所确定的期刊的影响因子（Impact Factor），则已经成为评价论文质量的重要方法，“SCI数据库中的结果与计算机科学期刊之间表现出了强烈的相关性……同时这种方法还可以显示作者一段时间内出版物情况的排名”①，同时“科学评估中使用ISI数据库的实践表明，最好的使用引用分析评价作者的方法是综合使用多种数据资源，比如SCI、CiteSeer等，这样这些数据资源可以做到互补，防止评估结果的偏差”②。

利用网络知识资源库提供的统计信息还可以挖掘科学家的数量、年龄、专业、所在单位等信息，借以分析社会学信息与科学知识产出之间的关系问题。具体到科学交流体系来说，影响交流过程的不可控因素很多，这就导致很难用单一的数学分布加以描述，只能选择不同时期、特定范围中的数据进行经验的统计分析，“相互联系突出表现在科学文献的相互引证方面，形成科学思想交流、借鉴的媒介和轨迹”③。

利用网络知识资源库还可以对科学界中的科研机构、人才分布等情况进行评价，比如分析某个时期科研机构、高校，甚至国家层面的知识存量；研究科学知识生产中的学科关联、聚类分布以及流动方向。从宏观上把握特定历史时期知识网格的分布特征是提出合理的政策建议的重要前

---

① Zhao D. Z.，“Challenges of Scholarly Publications on the Web to the Evaluation of Science—A Comparison of Author Visibility on the Web and in Print Journal”，*Information Processing and Managemen*，2005（41）：1403－1418.

② Ibid..

③ 庞景安：《科学计量研究方法论》，科学技术文献出版社1999年版，第213页。

提，“在科学研究和交流活动中，科学文献与科学家之间存在着必然的内在联系，这使得有可能通过科学文献这样一个有形的媒介，利用文献计量学的方法去评价人才，选拔人才”①。

较同行专家的评议来看，统计学的分析可以更有力地“说明”知识产品的质量，实际研究也表明，两者之间的确具有高度的正相关性。科学论文的统计分析为发表后的论文提供了统计意义上的分析评价，与论文发表之前严格的评审机制分属不同的社会过程。实际上，对在线数据库中的数据信息进行统计分析的方法已经构成了同行评议制度的有效补充。同行评议的结果受评议人的学术观点和知识结构的影响较大，而且论文作者与评阅人之间存在着严重的信息不对称，属于主观评价方法；而利用数据库进行的统计分析则较为系统、充分、全面，属于客观评价方法。

随着新技术的不断进步，网络知识资源库的智能性正不断提高，提供的个性化服务也越来越多，利用学术资源数据库进行科学评价的方法也日臻完善。这种方法不但在今天的科研管理和科研评价中获得了广泛的应用，并且已经催生出诸如科学计量学、引文分析学等交叉学科。但同时也应看到，利用在线数据库等网络资源进行科学计量的方法至今仍存在不少尚未解决的技术问题，比如远程数据获取、海量信息处理中的差错率等问题。同时，网络中断、带宽限制等问题还有待于进一步解决，而且数据库崩溃的情况也时有发生，更为严重的是，网络资源还会面临信息泄露甚至遭到恶意攻击的风险，这些问题的解决仍有赖于技术的不断进步。

（二）统计分析方法的政策学意义

利用信息技术对科学知识的内容与结构进行评价的创始人是加菲尔德，他于 1955 年正式发表了《引文索引应用于科学》② 一文（Garfield，1955），并于 1963 年编制成面向全部科技领域的综合性引文索引《科学引文索引》（Science Citation Index，SCI）。新的索引方法迅速推动了利用在线数据库等网络资源进行科学知识的分析、评价和比较，利用科学引文的方法分析科学界的知识产出情况也逐渐成为很多国家的标准制度设计，SCI 等新的评价指标体系已成为重要的科研评价方法，甚至成为政府对科学界进行权力渗透和控制的重要体现。SCI 等统计和评价体系已经成为我国科研工作者的标准评价模式。实际上，政策引导是使科学家关注科学期刊的显示度和论文影响力的重要因素，同时新的评价指标与评价方法也为

---

① 梁永霞：《引文分析学的知识计量研究》，博士学位论文，大连理工大学，2008 年。

② Garfield E，“Citation Indices for Science”，*Science*，1955（122）：109 – 110.

科学的发展提供了重要的政策学启示。

通过分析学术资源数据库所得到的科学引文网络不仅反映了不同学科的发展态势以及学科间的交叉关联关系，更成为政府进行科研管理、预测新的学科生长点，从而制定科学发展政策的重要依据。比如，陈超美基于Java语言程序开发了进行科学文献分析与知识图谱的可视化研究的软件CiteSpace，通过对科学文献题录数据的分析，试图展现科学发展的内在关联和趋势，例如他对“物种灭绝”领域的考察①。再如刘则渊等采用的社会网络分析方法对科学学理论体系的建构问题所做的相关研究②。

通过在线数据库检索科学论文、专利等数据，并利用作者姓名等元信息进行定量分析的研究，不仅可以为科研绩效提供新的判断标准，还可以描述科学发展的内在机制。从国家层面来看，利用在线数据库还可以分析科学内部各个要素之间的相互关联和依赖关系，评估不同国家的科学发展现状并预测未来的发展趋势，从而在正确评价本国科研实力和特征的前提下，制定相应的科学投资和发展战略，为制定优先发展领域等政策提供参考。同时利用在线数据库还可以对世界范围内科学奖励的分布、获奖者的国际合作等情况进行计量分析，从而促使政府更好地判断本国在国际科学中的位置，进而有意识、有目的地促进国内学界开展国际交流与合作。

另外，利用在线数据库等网络资源提供的统计数据，把宏观的科学计量和知识图谱的研究方法结合起来，还可以为预测我国科学的发展态势及方向提供各种分析模型。具体包括：通过对索引网络聚焦点的分析预测未来科学的发展方向，比如以时间为索引维度，通过构建特定学科内最新科学论文的认知发展网络，帮助政府确定未来的优先发展领域；对索引网络进行“聚—散”分析，构建学科生命力指数模型，如以学科为索引维度，通过分析不同学科论文发表数量的变化，帮助政府预测不同学科现在及未来的发展热度；通过分析科学论文索引状况建构国家科学影响力模型，比如以国内某学科为索引维度，通过分析我国特定学科在国际索引体系中的数量、网络关联及索引等级，借以建构我国特定学科在整个国际学术发展中的位置模型；等等。

---

① Chen C.，“CiteSpace Ⅱ：Detecting and Visualizing Emerging Trends and Transient Patterns in Scientific Literature”，*Journal - American Society for Information Science and Technology*，2006（3）：359.

② 刘则渊：《科学学理论体系建构的思考——基于科学计量学的中外科学学进展研究报告》，《科学学研究》2006年第1期。

三　新技术环境下学术不端行为的监测

科学交流的重要性不言而喻，“从科学知识及其生产的特点出发，知识的可共享性决定了交流是使知识增值的重要途径”①。科学家之间的交往体现在相互交流理性认识成果和方法上，所以交流活动的制度化也是“科学建制化”的一个重要标志，科学家之间的频繁互动构成了科学知识生产的重要特征。

网络环境中的信息交流比以往任何时候都要迫切。但是，网络在提高了科学交流效率的同时，也为科学知识生产中的不端行为提供了新的便利条件。网络设施的完善，降低了科学知识的获得成本，而网络学术资源的丰富性和完备性则使得知识内容的获得更加便捷，新技术的使用增大了抄袭、剽窃，甚至学术造假等科研不端行为发生的可能性。实际上，科学诚信问题已经远远超出了我们的想象，甚至“政治家不再相信科学可以凭借自身完全实现诚信”②。这一方面是因为同行评议制度并不能阻止学术造假等科研不端行为，科学共同体也很难做到彻底的自治、自律，很难进行完全的自我管理；另一方面的原因则是，网络学术资源的开放性和无限可获得性为学术失范现象提供了更多的可能性，进行监测也变得相对困难。

一方面，尽管网络为防范科研不端行为带来了一些挑战，增大了学术不端甚至学术欺骗的可能性；但另一方面，包括在线数据库等网络资源在内的新技术则为防范学术不端行为提供了新的检测方法。网络知识资源库中集成了相对完备的学术资源，利用专门的算法进行科学论文相似度的比对从而监测学术不端行为已成为学术界中常用的方法，比如“索引纠查机制”和“语言监查机制”等方法都可以快速地监查科学论文中的非正当引证、一稿多投等违背学术道德的行为。“索引纠查机制”主要关注科学论文索引过程中的非正当引证，包括过度引用、引用未标注等情况；而“语言监查机制”则主要针对跨语言引证过程中一些违背学术道德的行为，包括利用不同国家和地区语言的差异进行的抄袭或剽窃。再比如“学位论文学术不端行为检测系统”等软件也已经成为高校、科研院所中监测学术论文是否存在学术失范现象的主要方式，甚至已经成为研究生毕业论文提交之前必须进行的重要步骤。在线数据库等网络知识资源在科学知识生产

---

① 李正风：《科学知识生产方式及其演变》，清华大学出版社2006年版，第113页。

② Guston D. H., *Between Politics and Science: Assuring the Integrity and Productivity of Research*, Cambridge University Press, 2000: 6.

中的工具性特征体现在以下三个方面：

第一，网络知识资源库技术带来了判定科学发现优先权的新标准。传统的知识发表模式中如果出现优先权争议，一般是根据论文发表的时间进行界定①，而在线数据库等网络资源则提供了论文从提交到发表的整个过程的所有时间节点的记录，甚至提交论文的计算机的物理地址等信息都有详细记载，这就为优先权的判断提供了更准确的标准。但是网络平台带来的科学知识生产过程中的多渠道交流磋商模式也为优先权的判定带来了新的问题。新的交流环境下，很多科学论文都成为科学家同行探讨共商的结果，从笔者的访谈来看，很多学者都认为他们的很多发现都曾受过别人的启发，而网络则是重要的信息来源。

第二，网络知识资源库提供了海量的学术信息资源。以纸质媒介为主的传统学术交流方式中知识的扩散速度和扩散范围非常有限，整个科学交流体系的结构也相对比较稳定。而在线数据库等网络知识资源所集成的海量学术信息资源则是人类集体智慧的结晶，这些海量学术信息内容不但可以清楚地标识已有科学知识大厦，还成为设计科学研究新方向、选择科学研究内容、确定科学发展优先领域的重要参考。

第三，在线数据库等网络资源强大的知识存储和传播功能是监控学术不端行为的重要方法。数据库一方面大大扩展了科学家获得科学知识的范围，重构了学术资源的分布，为边缘和边远地区的科学家提供了更多的获取前沿科学知识，从而追赶学术前沿的机会；另一方面其强大的数据存取和检索功能还成为监测学术不端行为的有力工具，比如检测新知识与已有知识内容的相关度和相似度等，为有效防止和确认抄袭剽窃等行为提供了充分的技术手段。另外，网络的普及和公民科学素质的提高也使得公众越来越多地参与进科学知识生产活动中，他们不但希望了解、学习更多的科学知识内容，同时也成为监督学术界不端行为的重要力量。汉芯学术造假事件即是一次发生在我国科学界中的、由公众质疑揭露的学术不端事件，也是科学技术与社会问题研究中的重要案例。

如今，所有的科学知识产品一旦发表之后便可被在线数据库等网络资源永久保存，并可以随时得以重新检索和研究，这种技术力量本身就对学术不端行为构成了一定的威慑。福柯曾认为现代社会是一个被高度“监视”的有层级的规训社会，从这个意义上讲，科学知识生产者便永久性地处于学术信息数据库的“监视”之下，同时这种“监视”由于数据库中

① 刘珺珺：《科学社会学》，上海人民出版社 1990 年，第 201 页。

信息的完备性和丰富性而更显主动，“监视”能力也更强。有些学术不端行为时隔几十年后才被发现，尽管科学知识生产过程充满了复杂性和不确定性，有些研究是否存在学术不端行为还有待于进一步检验，“真相”似乎也很难确定，但网络学术资源的不断完善和丰富的确为科学知识生产活动的健康持续进行提供了重要的监督力量和制度保证。

第四章　网络环境下当代科学共同体的重构及其影响

网络信息空间①的出现为当代科学研究活动提供了新平台，也使得当代科学共同体得以不断重构，重构的标志是科学界的信息分配和资源占有关系的不断重建以及科学共同体科层化分布的不断调整。这种重构导致科学界的知识获取方式、科研论文的显示度、科学家的资源禀赋等处于持续的动态调整之中。同时，在与网络技术互动甚至互构的过程中，科学共同体也被植入了新的学术规范和价值判断。

第一节　网络环境下当代科学共同体的重构

一　网络信息空间中的当代科学共同体：概念透视

“科学共同体”的概念是于20世纪40年代由英国哲学家波兰尼（Michael Polanyi）最先提出的，之后库恩、默顿、克兰等都对其进行过研究。其中库恩曾从认识论视角指出，科学共同体是遵从相同研究范式的科学家集团②，其中的“范式”包括价值信念、学术规范、社会建制等方面的内容。科学共同体主要从事科学知识的生产、交流以及传播等活动，以科学知识为研究对象的此类活动具有明显的社会性和历史性特征，受特定历史时期的物质生产条件特别是技术条件的制约。

---

① 布瓦索曾在《信息空间》中把空间划分为相互影响的认识论空间（E）、效用空间（U）、文化空间（C）和信息空间（I），参见［英］马克斯·H. 布瓦索：《信息空间》，王寅通译，上海译文出版社2000年版，文中的“网络信息空间”指的是基于网络的虚拟信息生产和交流环境。

② ［美］托马斯·库恩：《科学革命的结构》，金吾伦、胡新和译，北京大学出版社2003年版，第44页。

随着信息技术革命的不断深入，当代科学知识的生产环境发生了重大变化。网络 PC、电子邮件、在线和离线数据库，万维网、电子出版、讨论列表和新闻组、电子会议、数字图书馆甚至“知识机器人”等各种基于网络的科学实践活动进一步分化并重构了当代科学共同体，“包括硬件、软件和网络等技术在内的信息通信技术的发展正逐渐改变着当代科学系统的面貌”①。“网络科学”“赛博科学”等提法生动地表明，网络环境下的当代科学共同体正经历着一场新的革命。国外学者已对网络环境塑造科学共同体的方式和路径等问题进行了一定的研究，比如海恩认为，“信息通信技术正通过存储科学数据、完成实验分析、进行分工协作等方式改变科学知识生产活动的现有结构”②；海因也指出，“我们可以预见 e - Science 的使用是一个范围，它一方面带有终端使用、服务的虚拟化、数字化世界等特征，另一方面具有交互性、科学家的虚拟化、明显的物理世界等特点”③；伯格曼的研究表明，数字化、网络化等特征已经嵌入到科学知识生产的各个环节，并塑造着科学共同体的新形态④。此外，尼特彻（Nentwich，2003）、克林（Kling，1997）、威林斯基（Willinsky，2006）、弗拉（Fry，2004）等都从不同视角研究过网络环境下当代科学共同体的演变问题。相比较而言，国内学者则只是宽泛地论及网络环境下当代科研活动发生的新变化，比如曾国屏⑤、毛牧然和陈凡⑥、肖峰⑦等学者都曾关注过该问题。

网络技术已经内嵌于科学知识的生产、交流和传播等所有环节，数据挖掘、远程控制、信息共享、分布式合作等新的知识生产方式不断涌现，基于网络的知识获取、信息处理等方法甚至已内化为科学家新的科研习惯，“电子化科学不仅是超学科的，同时正改变着学科概念的核心理念，

---

① OECD, *Science*, *Technology and Industry Outlook* 1998, Paris, 1998: 176.

② Christine Hine, “*New Infrastructure for Knowledge Production*: *Understanding E - Science*”, Information Science Publishing, 2006.

③ Tony Hey, Anne E. Trefethen, “Cyberinfrastructure for e - Science”, *Science*, 2005 (308): 817 - 821.

④ C. L. Borgman, *Scholarship in the Digital Age*: *Information*, *Infrastructure*, *and the Internet*, Cambridge, MIT Press, 2007.

⑤ 曾国屏、李正风:《赛博空间的哲学思考》，清华大学出版社 2002 年版。

⑥ 毛牧然、陈凡:《论网络技术的价值二重性》，中国社会科学出版社 2008 年版。

⑦ 肖峰:《科学哲学中的信息主义趋向》，《自然辩证法通讯》2008 年第 5 期。

该理念可以引导我们更好地理解科学家的科研行为”①。实际上，网络技术与科学共同体是在交互作用中协同进化的，表现为以科研活动为目标的新的网络技术的不断涌现以及网络环境下当代科学共同体的适应性调整。从价值观、认识论和社会建制等不同维度看，网络技术环境下的当代科学共同体的内涵属性、功能特征和系统结构都体现出了新的特征。

从价值观维度来看。一般认为，科学共同体是拥有共同信念、价值和规范的科学家群体，自主、自治是其重要特征。但是，网络技术条件下，科学共同体获得了更多的彰显其价值功能的机会，与经济、文化等其他社会子系统的互动渠道也大为扩展，科学的正反两方面效应也被置入更为开放的评议环境中。同时，网络环境下知识产权、专利等知识的保密行为获得了新的解释，同时也带来了科学知识的产权界定和监督管理等方面的新问题。在线数据库等网络知识资源、搜索引擎等新的知识获取方式为公众理解科学提供了新的渠道，而网络环境下科学知识的开放评议，则提供了社会—知识互动的新路径，带来了对于科学的价值规范的新理解。

从认识论视角来看。库恩曾强调科学共同体“研究范式”的一致性，认为同处共同研究范式下的科学家群体具有相同的认识论基础，他们不但追逐共同的职业声望和社会地位，还服务于特定的学科、民族和国家利益。网络技术环境下，科学知识生产活动中诸如选择问题、确定方法、设计实验、验证结果等所有环节都呈现出很多新变化，但从认识论角度看，新的研究范式仍旧必须遵循共同的技术程式和协议规则，或者说新的方法论的确定必须符合科学共同体的共同信念。比如科学家对于计算机仿真中所获得的图像和数据的真实性、远程登录以及网络信息传输中信息的可靠性等问题的理解都必须基于共同的认识论基础，也就是说，科学共同体必须基于共同的认识论才能够对基于网络的新的科研方法进行集体选择和应用。

从社会建制视角来看。科学知识生产是置于一定的社会规则之中的社会性活动，建制化的科学不仅体现在科研制度的确立上，还体现在科学知识的交流、评价、分配等外延活动中。网络环境下当代科学知识生产的建

---

① Wouters P., Vann K., Scharnhorst A., Ratto M., Hellsten I., Fry J. and Beaulieu A., *Messy Shapes of Knowledge – STS Explores Information*, *New Media*, *and Academic Work*, The Virtual Knowledge Studio, in *The Handbook of Science and Technology Studies*, edited by E. J. Hackett, O. Amsterdamska, M. Lynch and J. Wajcman, MIT Press, 2008: 319 – 352.

制方式已经出现了很多新变化。比如，网络为多元主体共同参与科学知识生产提供了更多的机会，网络环境下科学与政府、企业、社会公众互动的机会也大为增加；再如，网络环境下的科学宏观管理体制也在不断调整，比如SCI等新的评价指标体系的影响不断扩大。更有甚者，网络环境下跨地域、跨机构的各种虚拟科研组织不断涌现，已导致当代科学共同体对于以地域分布和组织机构为标准的传统建制的认同感有所下降。同时，新的知识生产和管理方式也导致科学界既有的资源分配和利益协调机制呈现出很多新变化，基于网络技术平台的科学知识的开放获取、科研论文的在线评议等方式一定意义上冲击了科学界传统建制观的社会影响。

二　网络技术环境下当代科学共同体的重构及其表现

网络技术环境下，当代科学共同体的形态、结构和功能得以不断分化重构，集中反映在科学知识生产方式的演变和科学共同体社会属性的变迁两个层面上。

首先，从科学共同体科学知识生产方式演变的视角看。

第一，网络技术带来了新的知识传播与信息共享方式。传统的知识获取模式下，科学共同体的地域分布、机构属性等方面的差别造成了科学界特有的“数字鸿沟”现象，也就是“网络学术资源分布的不均衡造成的科学共同体中信息富有者和信息贫乏者之间的不平等”①。网络技术则突破了时空限制，扩展了科学交流的广度和深度。一方面，科学家可以实时获取所需要的科技信息资源；另一方面，科学共同体还可以展开即时的互动交流。基于网络的知识共享模式在降低知识获取成本的同时还扩大了科学家相互学习的范围，同时传统的学术交流活动所无法负载的默会知识也得以通过图片、音频、视频等多媒体形式迅速扩散。全球范围内的信息共享带来了科研活动中的“全球研究村”现象，不但使科学共同体的交流日益快速、便捷，并且先进的科学研究目标、方法，以及过程都较之前显示出更为明显的示范效应。

第二，网络技术重构了科学界传统的知识资源配置方式。网络平台彻底解构了以往知识资源过分集中的状况，科学知识分布的“去中心化”特征日益明显，知识资源的配置和学术成果的评定更加客观、公正、高效。实际上，科学界知识资源分布的不对称和信息占有的不均衡是导致科学家

---

① ［英］安德鲁·查德威克：《互联网政治学：国家、公民与新传播技术》，任孟山译，华夏出版社2010年版，第65页。

知识生产能力差异的重要因素。但长期以来，科技信息资源高昂的垄断价格已将相当一部分科学家屏蔽在前沿数据和信息的获得范围之外，“开放获取”等运动则试图消解学术界中信息分布不均衡的状况，进而为科学共同体提供既竞争又合作的科研网络平台。机构仓储、开放期刊、学术BBS、学术博客等基于网络的知识共享方式已经成为消解知识的商业化运作带来的信息封锁的重要方式。但也有学者对此持反对态度，比如科学心理学家库林斯基就曾指出，“随着信息成本的降低以及信息源的多样化，信息丰富者的信息更加丰富，信息贫乏者的信息更加贫乏”①。也有学者认为，“教育背景好、学术界的权威学者更容易同化各种新信息和新知识”②。但是，当代科学共同体的确正经历着巨大的诱致性变迁，这也为科学后发国家提供了形成“后发优势”的可能性。

第三，网络技术平台带来了科学知识评价的新方式。网络环境下，科学知识的生产与评价都得以在社会—知识互动的背景下展开。传统的知识评价活动具有相对封闭性，知识是在小范围内进行同行评议的。在网络技术平台下，多元异质性行动者获得了评议知识的广泛可能性，他们从自身视角对科学知识内容发表着各种评论。一方面，基于网络平台的互动会在一定程度上影响科学家知识生产目标和标准的选择；另一方面，知识内容之外的诸如社会的、政治的、经济的因素也获得了影响知识内容的新渠道。同时，网络信息空间中的知识质量控制问题也日益凸显，一些虚假甚至错误的知识内容得以误传，网络技术平台甚至为数据造假、抄袭剽窃等科学家的学术不端行为提供了更为便利的条件。另外，网络环境下不知名学者的学术观点获得了更多被关注的机会，这就在一定程度上冲击了科学权威的影响，拓展了底层科学家的成长空间。

其次，从科学共同体社会属性变迁的视角看。

第一，网络技术变革了科学共同体的传统组织结构。科学共同体传统组织结构演变的一个非常重要的表现是，基于网络的虚拟科研组织（有学者称其为新的“协作机构”③）不断出现，跨地域、跨机构的科研合作数

① James H. Kuklinski, Robert C. Luskin and John Bolland, “Where Is the Schema? Going Beyond the “S” World in Political Psychology”, *American Political Science Review*, 1991, 85 (4): 1341 – 1356.

② Douglas M. McLeod and Elizabeth M. Perse, “Direct and Indirect Effects of Socioeconomic Status on Public Affairs Knowledge”, *Journalism Quarterly*, 1994, 71 (2): 433 – 442.

③ Y. T. Chien, *The Impact of the Internet on University – Based Research and Innovation in the United States and Japan*, in Lewis M. Branscomb et al., eds., *Industrializing Knowledge: University – Industry Linkages in Japan and the United States*, MIT Press, 1999: 439 – 470.

量也大为增加。“远程登录”“数据传输”“视频会议”等新的虚拟合作方式为科学家提供了为同一科研目标临时性地进行跨地域、跨机构的通力协作的机会。这些虚拟科研组织的稳定性不强，经常随着研究目标的变换而调整，科学家甚至可以同时隶属于不同的虚拟组织。一般来说，网络环境下虚拟科研组织的不断调整是内嵌于科学知识生产的内在需求的。另外，网络技术还催生了一些新的科研实体机构，这是在非对称的信息分布环境下当代科学共同体的组织结构不断演化的重要动力，比如基于大规模分布式网格架构的 e - Science 计划的实质就是为科学共同体提供高度信息化的虚拟科研环境，从而促进全球性的、跨学科的科研合作。

第二，网络技术重建了科学共同体内部的社会关系网络。网络技术从理论上解决了科学共同体长期以来存在的信息不对称问题，不仅扩大了科学家个人的社会网络规模，还促使科学共同体的既有联结关系不断调整，为边缘和边远的科学家提供了与知名学者合作研究等快速成长的机会。当代科学共同体已经舍弃了地域的规定性，被理解为广义的“精神共同体”，他们之间的联系超越了个体特性和地理边界，弥补了个体科学家有限理性的局限，跨越地域和机构的社会关系网络已经成为科学家重要的社会资本。科学计量学的研究表明，网络环境强化了科学界按师承关系、社会地位、职业声望关联起来的社会关系，知名科学家的学术活跃程度大为提高，“在生物学、化学、数学和物理学等领域，权威科研人员的影响不断扩大，这明显与 ICT 的利用有密切关系。在实验粒子物理学领域，Internet 已经促进了在众多人员有效合作方面所进行的实验[①]”。网络环境下，科学家的社会关系网络已经成为决定科学家能否抢占学术制高点的重要因素。

第三，网络技术导致科学共同体的既有层级关系不断分化。在网络环境下，科学界的传统社会分层结构正面临着前所未有的挑战，新的层级关系逐步形成，主要表现在以下三个方面：其一，科学界传统的以“同事”“师生”等关系为基础形成的强关联的合作关系不断弱化，通过非正式交流建立的跨专业、跨机构甚至跨国别的临时性科研合作关系逐步增多，底层科学家短时间内向顶层跃迁的实例层出不穷，不知名学者的研究成果获得学术界认可的可能性也越来越大。其二，网络环境下，科学的政治、经济、文化等社会功能获得了更多的显现途径，科学共同体内部隐含的诸如

① OECD, *Science, Technology and Industry Outlook* 1998, Paris, 1998: 19.

经济目标、社会地位等利益诉求也更加明晰，促使当代科学共同体不断分化。其三，生产“非公共知识”和“公共知识”的科学家的界限日益清晰。知识经济时代，知识产权制度确保了科学知识合理的保密行为，但网络中无障碍的知识传播方式却对此构成了一定的挑战，这就导致不管是大学、科研院所还是企业都倾向于明确界定所生产知识的“公共”与“非公共”属性。

三　当代科学共同体的虚拟重构对于科学界的影响

网络环境下的当代科学交流实践表现出了很多新特征，科学共同体也较之前表现出了更强的关联性，联结科学共同体技术性要素的重要性不断提高，科学共同体中一种新型的社会结构正逐渐形成。从某种意义上讲，网络环境对于当代科学共同体的虚拟重构对科学界以及当代的科研活动产生了重要影响，这种影响主要表现在以下几个方面：

第一，网络环境带来了科学界“无形学院”内涵的嬗变。“无形学院”的概念最早是普赖斯在《小科学、大科学》中提出的，意指某一研究领域中的非正式学术交流群体，其内部成员经常性地通过传阅手稿、开展学术讨论、进行合作研究等保持不间断的接触。戴安娜·克兰在其所著的《无形学院》中则扩展了无形学院的定义，她把作为维系无形学院纽带的非正式交流分成了由合作者群体组成的亚群体和由亚群体中的领袖人物组成的交流网络群体两大类型，但由非正式交流组成的学术交流网络的特征没有发生变化。而东北大学的王克君通过对克兰的知识增长理论的分析认为，无形学院从人际沟通的情报功能、学者互访的创新效应、协作研究的互补功能、学者争论的激发效应四个方面促进了科学发展①。

今天的网络信息环境除承担了科学论文等知识产品的正式交流功能之外，还拓展了科学共同体中非正式交流的广度和深度，不断更新的网络知识资源不但动态地更新着科学界的前沿研究方向和研究成果，还表征着科学家之间的合作网络、科学论文的引用关系等新变化。科学计量学中的引文分析和知识图谱的研究则更为形象地展示了无形学院内部关系的演化发展过程。总体来看，新技术的使用塑造了科学家之间的新型社会关系，使得无形学院的内涵发生了嬗变。1994 年格雷沙姆发现了传统的无形学院正在向一种新型的非正式研究网络发生转换，并将其称为

---

① 王克君：《从科学史看无形学院对科学发展的作用》，《东北大学学报》（社会科学版）2001 年第 2 期。

“赛博学院”（Cyberspace College），同时认为通过网络维系的新“无形学院”是“与现存的无形学院并存的一种状态”①，这种“虚拟学院”将突破传统无形学院的时空规定。而网络知识资源库中的平民化特质也将结束传统学术网络中的杰出人物统治论，弗里曼认为，“看起来，计算机可能会替代面对面的作用模式，并且提供适宜于不同学科增长的社会结构总类”②。沃尔什等也认为新媒体技术“既改变又强化了科学共同体内部现存的交流结构”③。总体来看，科学研究中的赛博模式将与既有的无形学院不断碰撞融合、协同进化，逐渐形成优势互补、结构稳定的新型“无形学院”。

第二，网络环境加速了国际科学共同体的建立。网络平台使全球科学共同体的建立成为可能，而从科学知识生产的过程来看，在线知识资源库的建设也必将推动全球科学信息资源实现融合统一，新的科学组织与合作模式也必将导致爆发科学知识生产能力的革命。实际上，在线数据库等新技术手段正将全球的科技信息资源集成为一个无缝连接的统一体，科学家随时随地可以“触摸”到全球范围内的科研动态，国际科学共同体正在逐步形成。

国家和政府层面的科技政策导向也是国际科学共同体得以逐步形成的重要推动力量，实际上，“人类的所有活动，包括科学活动，都同时是一种政治活动”④。政策制定者已经逐步意识到充分利用国际研究资源来提高本国科学的国际竞争力的重要性。比如 OECD 在 1998 年发布的《科学、技术与工业》手册的第七章的主题便是“全球研究村——信息通信技术是如何影响科学系统的”。而全球合作研究的理念也在改变着国际科研组织的成员构成，美国管理学会的成员中外国成员到 2007 年已经超过了 50%。与此同时，国际科研合作的理念也正逐步凸显在各国的科技政策报告中，成为构建国际科学共同体的重要推动力量。比如德国联邦教育及研究部于 2008 年 2 月发布了一个旨在提高德国在全球知识社会中地位的报告，明确提出了联邦政府的科研国际化战略，制定了包括人才利用、科研投入、国

① Gresham J. L.，“From Invisible College to Cyberspace College：Computer Conferencing and the Transformation of Informal Scholarly Communication Networks”，*Interpersonal Computing and Technology*，1994（4）：37－52.

② Freeman L. C.，“The Impact of Computer Based Communication on the Social Structure of an Emerging Scientific Speciality”，*Social Networks*，1984（6）：201－221.

③ Walsh J. P，Roselle A.，“Computer Networks and the Virtual College”，*Science Technology Industry Review*（OECD），1999（24）：49－78.

④ 李正风：《科学与政治的结合：必然性与复杂性》，《科学学研究》2000 年第 2 期。

际合作在内的具体策略，并开始建立包括科研人才、科技资源在内的各种科学信息数据库。

第三，网络技术导致科学研究秩序得以不断重建。伴随着科学研究的不断分化和细化以及交叉学科的不断涌现，不同研究领域的科学家之间的沟通将变得更加困难，而在线知识资源则集成了分散在全球不同地区的同一研究领域的科研成果，从而加强了同一研究领域中科学家的合作，构造了科学家之间的新型关系网络。韦尔曼认为新技术构建的虚拟共同体是一种“基于计算机的新的社会网络和新的分散的工作组”①。今天的科学家已经习惯于在全球范围内寻找合作者，从而“将他们有限的研究时间用于与他们专业的科学家进行联系上”②。但从另一个角度看，科学共同体的虚拟重构所形成的关系网络缺乏稳定性和健壮性，容易受到外界因素的干扰，处于不断的发展变化之中，而网络的脆弱性与流变性也决定了科学家之间关联的多样性和松散性。沃尔什和马洛尼的研究表明，这种动态的、异质性的分布局面并不仅是由网络数据库等新的交流工具造成的，同时也是科学共同体中的即有结构、文化差异等因素共同作用的结果③。从笔者的访谈结果来看，有些教师即认为虚拟空间中科学共同体的重构一方面刺激了科学家之间的思想碰撞，另一方面也强化了科学家自身的职业认同。

另外需要注意的是，网络环境重构科学共同体的程度与不同学科的学科特质（特别是竞争与合作特征）有着很强的关联性，因学科内在的竞争与保密程度不同呈现出巨大差异。一般来说竞争性较弱、信息保密程度较低的学科的共同体更容易得以重构。但总体来看，网络技术已经带来了不同学科子领域的新分布，全球科学共同体正呈现出一种虚拟的、持续演化的新形态。

---

① Wellman B.，Salaff J.，Dimitrova D.，Garton L.，Gulia M. and Haythornthwaite C.，“Computer Networks as Social Network：Collaborative Work，Telework，and Virtual Community”，*Annual Review of Sociology*，1996（22）：213－238.

② Walsh J. P.，Roselle A.，“Computer Networks and the Virtual College”，*Science Technology Industry Review*（OECD），1999（24）：49－78.

③ Walsh J. P.，Maloney N. G.，“Computer Network Use，Collaboration Structures and Productivity”，in Hinds P.，Kiesler S. Eds.，*Distributed Work*，MIT Press，2002.

第二节　网络环境下当代科学共同体重构的批判反思

一　当代科学共同体重构的哲学反思

不可否认的是，网络信息空间中的科学共同体正得以不断重构，一种新型的科学交流模式正在不断形成。但笔者认为当代科学交流模式的变迁与科学知识生产的内在要求之间是存在多种张力的，这些张力也凸显了新的交流方式导致的科学研究的统一性与多样性、同步性与异步性、关联性与封闭性、虚拟性与实在性等之间的内在冲突。下面从以上四个方面对网络技术环境塑造当代科学共同体的路径及其社会影响进行哲学反思，进而探析由此带来的科学研究过程中的新张力。

第一，网络技术环境带来了科学研究的统一性与知识生产的多样性要求之间的张力。网络数据库等新的知识交流模式使科学研究更加规范化，论文的发布、评议、下载以及数据的表述、组织方式都必须遵循标准化的程序，形式也更加规范化。“现代社会组织的基本特点之一就是标准化的模式，这种模式在机器技术中最完整地得到表现，但它也存在于社会技术之中①”。而标准数据库等在线资源单一的使用方式甚至导致了科学家工作模式的标准化。科学知识生产中科学家的个体自由与群体不自由是数据库所带来的张力的直接体现。同时工作模式的标准化是诱制性的，科学家通过网络获得相同的数据信息，再按照相似的实验流程，获得基本一致的实验结果。标准化的交流和科研程序一方面会促使科学家快速进入研究状态，另一方面也会在某种程度上抑制科学家的创造性和能动性。美国学者马克·波斯特甚至认为电子数据库即是福柯所说的“超级全景监狱”，是后现代信息方式下对科学家进行控制的手段②。

网络数据库等知识资源无限扩大了科学家获取科学数据和信息的能力，促进了科学家之间的合作与交流，但是它同时也塑造着科学家的研究

① ［美］伯纳德·巴伯：《科学与社会秩序》，顾昕等译，生活·读书·新知三联书店 1991 年版，第 250 页。

② 高亚春：《数据库：信息方式下的“超级全景监狱”》，《自然辩证法研究》2008 年第 1 期。

方法和研究思路，参与了网络环境下新的科学研究范式的建构，科学研究中异质性的成分逐渐减少。从某种程度上讲，这种情况抑制了科学家的创造性和能动性，过度的信息依赖也有悖于自由探索科学精神。科学是多样的、异质性的，科学家的工作模式是不可设计的，必须给予科学研究充分的灵活度与自由度，实际上科学史中的很多重大发现都带有很强的偶然性和随机性。

另外，不同学科间的差异性也必然要求有差别的知识交流方式，不同学科间的研究方法也只能部分移植。从尼特彻对科学家所做的问卷调查来看，哲学、历史和政治学等学科的统一性要弱于数学、医学、物理学、经济学等学科，所以对它们采用趋同的科学交流是否合适本身就是值得商榷的问题。面对海量信息资源，只有不囿于常规方法，突破日趋统一的交流和研究模式，才有可能带来知识的创新。

第二，网络技术环境带来了全球科学研究的同步性与知识生产的异步性要求之间的张力。在线数据库等网络知识资源正在催生一个超越无形学院的全球科学研究共同体，不断缝合科研工作者之间的时空距离，逐步使全球呈现为一个“研究村”。毫无疑问，发达国家正引领全球知识生产的方向，而网络知识资源库则不但促进了这种示范作用的扩张，成为发展中国家的科学家进行科学研究的标杆，同时也使得科学研究过程具备了明显的可设计性和可规划性。盖拉德认为，“科学的全球化又促使科学家在实际选择研究项目和研究方法时，倾向于与发达国家同行的前沿研究相一致”①。数据库中所收录的学术资源使得科学家更容易把握全球范围内科学研究的前沿动态，更容易获得一手数据，但同时也使得全球的科学研究日趋同步。这种同步带来了科学知识生产的新困境，一方面，广泛深入的交流方式提高了知识生产的速度，不断激励着科学家在“第一时间”发表自己的科研成果，从而确定科学发现的优先权；另一方面，这种同步效应是否符合科学知识增长的内在要求仍是值得商榷的问题，学界对此也没有形成共识。一般认为科学界一定程度上不受外界干扰的“孤立”和“纯粹”研究仍是必需的。

数据库等在线资源所带来的科学研究的同步性还表现在科学家查阅相同的数据信息，再使用相同的硬件实验设备和软件工具进行知识生产等方

---

① Gaillard J., *The Behaviour of Scientists and Scientific Communities*, in Jean - Jacques S., et al. Eds., *The Uncertain Quest: Science, Technology and Development*, The United Nations University Press, 1994: 201 - 236.

面。在线数据库等网络知识资源所提供的检索和超链接等工具加速了科学研究中的同步效应，这在强化智识交换的同时也不断加速着学科的分化，增加了不同知识体系间的壁垒。从科学知识生产的内在要求来看，科学实验过程中科学家不能完全依赖于电子资源，即使对于专业数据库提供的数据，态度严谨的科学家也总是要加以验证。网络知识资源库已经带来了全球科学研究整齐划一地运行的“时钟”效应，但数据库技术出现的时间毕竟不是很长，迄今为止，它带来的长期效果仍不确定，很难对新的科学交流模式对于科学知识生产的影响进行总体评判。

第三，网络技术环境带来了科学家拥有超强的通信环境与知识生产中面临着新的封闭之间的张力。不可否认的是，网络知识资源的确促进了科学家之间的交流，增加了科研合作的途径，“基于计算机的通信便利了同领域中的查阅，本地通信模式也更新了远距离通信的方法”①。在网络技术所构建的信息获得平台中，科学家可以相对公平地获取各种资源，并与其他科学家建立起多种形式的合作，突破了依靠纸质媒介的传统交流模式下科学资源获取的局限。这一方面开阔了科学家的学术视野，使得个体科学家的研究可以快速融入整个科学研究网络，更好地进行科研选题、确定研究方法；另一方面也使得科学家进行学术交流的时候越来越依赖于网络、计算机等工具。这种过分的“计算机工作模式”导致的“数据库依赖”反而会导致新的隔阂，这主要体现在两个方面：一是网络知识资源逐步达到了科学交流的“去情境化”，但从本质上来看，科学交流是要依赖于一定的本地语境的，“非技术性”的因素在科学交流和科研过程中的作用仍不容忽视；二是任务导向的人机交流方式日益普遍，并且逐步成为科学家工作模式的标准配置，科学家之间面对面的交流越来越少，造成了科学家之间新的隔阂乃至孤立。“通常这种标准文献的范围标出了一个科学学科的界限，每一个科学共同体一般有一个它自己的主题。……在这种团体中，交流相当充分，专业判断也相当一致。另一方面，由于不同的科学共同体集中于不同的主题，不同的团体之间的专业交流有时就十分吃力，并常常导致误解”②。

在《虚拟现实的五个规则》一文中，伍尔加认为，数据库等网络工具

---

① Walsh J. P. , Bayma T. , “The Virtual College: Computer - mediated Communication and Scientific Work”, *The Information Society*, 1996 (4): 343 - 363.

② [美] 托马斯·库恩:《科学革命的结构》，金吾伦、胡新和译，北京大学出版社 2003 年版，第 159 页。

所带来的更多的全球化同时也意味着更多的本地化，“我们的这一规则表明全球通信背后的本地环境是何等重要”①。必须看到，超强的通信环境带来了现实世界中科学家的封闭状态，这在相当程度上影响了科学家的思维方式甚至行为模式。另外，数据库等新的交流工具并不具备科学交流所需的全部品格，默会知识会大量丢失，包括面对面交流等大量其他的正式和非正式交流方式仍旧不可缺少，真正高效、完善的科学交流体系应该是一个多种交流方式混合并存、优势互补的复合系统。有的科学家认为过多的人机通信并不符合人的自然属性，在科学研究过程中科学家必须弘扬传统的事必躬亲的科学精神，计算机不可能完全代替人类的工作。可以看出，网络知识资源库既缩短又拉大了科学家之间的距离。

第四，网络技术环境更凸显了信息技术的虚拟现实性与科学研究的实在性要求之间的张力。获取准确可靠的包括数据和信息在内的科学素材是进行科学知识生产的必要条件。网络知识资源的建立实现了知识交流过程的虚拟化，同时也支持虚拟环境下的科学计算和科学实验，但从方法论上看，整个过程所获得的数据信息是否可靠仍旧值得商榷。关于虚拟现实与科学实在的关系问题目前仍存在很多争论，比如虚拟环境的信息数据是否具有物理实在性、通过软件进行的实验能否等同于实验室实验、远程数据的采集和传输是否可以代替直接现实中的直接测量，对于这些问题哲学层面的讨论已有很多。就本书所研究的在线数据库等网络技术来说，笔者认为这种方法应被看作对科学事实和信息获取过程的一种技术性建构，虚拟的信息传输并不能替代现实中的真实获得，网络知识资源只能作为一种交流工具而存在，科学家仍旧需要在整个科学交流和科研过程中发挥主导型作用。

而从数据的处理过程来看，实际上通过网络进行的数据传输是将连续值量化为离散值，即将模拟信号转化为二进制的数字信号，然后再于网络中的物理层中以相同的比特位进行传输。它们所携带的有用信息是通过科学家的发送端的预编码和接收端的解码来实现的，编码的规则决定了读取信息的内容。以语音信号的处理过程为例，即使在符合抽样定理的情况下，量化、编码和滤波等过程也常常丢失某些频率成分，完全准确地传递原始信号是非常困难的。所以我们必须意识到通过网络进行的数据传输的局限性甚至风险性。

---

① Woolgar S. , *Virtual Society? Technology*, *Cyberbole*, *Reality*, Oxford University Press, 2002: 19.

尽管网络环境中新的科学交流和科学研究模式中“非实在化”的倾向日益明显，但实在的科学实验和数据获得仍是进行科学知识生产的基本条件。网络知识资源仅能满足科学交流的部分需求，科学实验中真正使用的数据离不开实在的支持。虚拟现实技术本质上是用海量的数据、图形和公式来模拟事物复杂行为的一种方法，科研中的仿真数据也并非真正意义上的“原始数据”。实际上信息通信处理技术所能提供的信息表达形式已经远远超出了人类的视听范围，我们应该看到，“原始性素材只是科学研究的最终参考值”①，未来科学知识的交流和生产过程应该在虚拟实在与客观实在之间寻求一种平衡。

二　当代科学共同体重构的哲学批判

网络环境下，科学家获取信息和知识的能力大大增强，知识同化的速度加快。但网络中同样充斥着各种虚假甚至错误的知识内容，这就提高了科学家甄别和评价知识的成本。实际上，科学家也并非完全理性的行动者，他们在虚拟空间中犯错误的概率也大为提高。“网络环境下，‘一个公众’的时代结束了，但同时也带来了新的所谓‘信息困境’问题”②。也就是说，网络环境一方面颠覆了有用信息与科学家甚至公众之间传统的单向传播关系；另一方面，信息资源的稀缺性和有用性特征也更加明显。商业数据库技术对于知识商品化形象的塑造就已经带来了科学知识新的垄断现象，造成了科学交流中的新壁垒。这种现象既依赖于网络技术与知识资本的融合，又是科学共同体集体追逐稀缺性知识的结果。从这个角度看，网络环境下的信息富有者会在学术资源的竞争中占据越来越有利的地位，科学共同体的层级分化也会越来越明显。

知识不同于其他产品，对于稀缺的信息资源的占有和使用情况已成为衡量网络空间中科学家学术资本大小的重要方面。布尔迪厄曾将科学家拥有的资本区分为学术资本和世俗资本（Temporal Capital），前者是“严格的科学权威资本”③，而后者则是“能够通过并非纯粹的科学途径累积起来加诸科学世界，并且根据世俗权力的官僚原则凌驾于科学场之上的权力

---

① Nentwich M.，*Cyberscience*：*Research in the Age of the Internet*，Austrian Academy of Sciences Press，2003：479.

② ［美］布鲁斯·宾伯：《信息与美国民主——技术在政治权力演化中的作用》，刘钢等译，科学出版社 2011 年版，第 35 页。

③ 龚旭：《科学政策与同行评议——中美科学制度与政策的比较研究》，浙江大学出版社 2009 年版，第 54 页。

资本"①。网络技术平台强化了科学共同体与社会其他子系统之间错综复杂的互动关系，这无疑放大了科学家的世俗资本；但科学家学术资本的改变却仅仅取决于他所获得的稀缺或有用信息的数量，稀缺信息实际上已成为决定网络环境下科学家知识生产能力的首要因子。

另外，网络信息空间中还涌现出了各种基于科学家的信息占有情况而建立的虚拟联盟关系，这些联盟关系会进一步扩大科学家的学术资本甚至世俗资本，帮助科学家产生更大的社会影响。实际上，网络信息空间中科学共同体结成的"行动者网络"更多地表现为科学家在追逐稀缺的信息和知识资源的过程中结成的网络关系。但是，这种基于知识资源建立的网络关系并不稳固，具有明显的异质性和脆弱性特征，往往会随着科学界中信息资源的配置方式、科研成果的评价体系等外部环境的改变而动态调整。

按照对于稀缺的数据和信息等知识资源的占有和使用情况，当代科学共同体已经进一步分化为科层制的状态。韦伯曾经指出，科层制的本质是"信息在全社会的加速流动内在地要求个体更快、更好地反应以达到整体上看更为优化的目的"②。网络环境下科学共同体的科层化实质上是由科学知识的生产目标和信息资源的管理方式共同决定的，该过程本质上是建立网络空间中科学共同体对于有用知识和信息新的分配交换关系。信息的稀缺性决定了即使在网络空间中它也不可能成为公共资源，甚至导致稀缺的知识内容以知识产权、专利等形式被保护起来从而变成保密知识，它们已成为当代科学知识生产活动中最为重要的资源。

实际上，网络信息空间已经成为一个基于信息资源的生态系统，其重要特征便是信息获得的高成本性和信息分布的不对称性，这就造成了科学共同体对于稀缺信息资源的强烈需求和有用信息资源分布的不均衡之间的矛盾。法国社会学家列维（Pierre Levy）将这种现象称为"通信生态学"(Communications Ecology)③，并且指出了人类建立的组织和制度必须与信息和通信的这些基本性质相适应的原则，这也是网络技术塑造当代科学共同体的重要方面。随着网络空间中科学共同体内部各种竞争与合作关系的不断建立，这种生态系统的功能结构也必将发生以知识流动和信息占有为

① Pierre Bourdieu, *Science of Science and Reflexivity*, *Trans*, by Richard Nice, Polity Press, 2004: 57.

② H. H. Gerth and C. Wright Mills, *From Max Weber*: *Essays in Sociology*, Oxford University Press, 1958: 215.

③ Pierre Levy, *Collective Intelligence*: *Mankind's Emerging World in Cyberspace*, Perseus Books, 1997.

特征的动态调整。但需注意的是，虚拟空间中科学家的合作仍发生在以信任和熟悉为基础的社会关系网络中，网络技术平台并不能为科学家之间的合作提供必要的信任基础。所以，必须为基于网络的科研合作提供相应的社会规约甚至法律和制度保障。

网络环境下，稀缺信息的流动导致当代科学共同体的组织规范与权力结构不断演化，新的信息分布和知识获取方式增大了科学权威的学术影响力，科学共同体出现了以追逐共同的前沿学术信息为标志的“集体行动”现象，表现为科学共同体在研究目标、研究对象和研究方法上的趋同。当代科学共同体的“集体行动”现象既是科学家之间的“经验分享”，也是技术程式的“社会选择”过程。所以，网络尽管扩大了科学家的信息获得范围，但并不会从根本上改变科学界中既有的权力对比关系，科学权威的影响反而会不断扩大。拉什的研究表明，网络、信息、通信等技术导致当代的社会结构已经被各种信息流所取代，同时也加剧了社会阶层新的不平等，“信息化开启了权力与不平等的一个新范式，它也为海量的创新与创意开启了无限的机会，信息批判必须处理这些陡然崛起的权力与不平等的组构①”。

托克维尔曾经描述过信息与集团形成间的关系，他认为在一个信息发达、网络关联度强的社会共同体之中，共同体成员更具有内在的结社习惯并且倾向于集体合作，在集体行动中共同面对信息时代的变迁②。所以，网络空间中的信息越丰富，科学家的个人行为模式就越容易改变，科学共同体也就越容易形成统一的科研规范与行为气质。在明确稀缺知识和信息已成为共同体成员追逐的共同目标的情况下，虚拟环境中的科学共同体通过信息共享和知识传播达到行为规范的趋同也就不足为奇了。但同时，“共同体并非简单地指涉具有共同利益的一群人，集团行动的问题更是一个组织建设的问题”③，所以，网络环境下科学共同体的组织结构变得越来越复杂，而且随着知识的不断扩散和信息的不断流动，虚拟组织结构也处于持续的动态调整中。同时，虚拟空间中临时性的信任和合作关系被不断构建，尽管这种信任合作关系不会成为决定科研活动成败的关键，但的确会通过改变信息资源在科学界的配置而在当代科学知识生产活动中发挥

① ［英］斯各特·拉什：《信息批判》，杨德睿译，北京大学出版社 2009 年版，第 28 页。

② ［美］布鲁斯·宾伯：《信息与美国民主——技术在政治权力演化中的作用》，刘钢等译，科学出版社 2011 年版，第 87 页。

③ Mancur Olson, *The Logic of Collective Action: Public Goods and the Theory of Groups*, Harvard University Press, 1971: 5.

一定作用。

实际上，网络环境下的权威科学家聚敛了更多的社会资源，他们通过在更大范围内评议学术成果、参与学术资源分配等方式对当代科学共同体施加着更加强有力的影响。可以认为，权威科学家引领的当代科学共同体的集体行动已经导致科学界建立了新的聚合关系。同时，基于网络的知识传播与评议环境下，科学知识的社会影响与发挥作用的空间已经大为拓展，不仅经济、社会、政治等科学之外的因素更容易嵌入科学知识生产过程，相关的利益集团也更加容易与科学共同体产生各种联系，使得科学知识的社会建构特征更加明显。

第五章　网络环境下知识资源的“数字鸿沟”现象及其批判

网络环境中的数字知识资源已经逐渐成为当代科学研究活动中的重要资源。事实上，当代科学交流体系的塑造是一个多元行动者共同发挥作用的过程，充满了各种权力斗争和利益博弈的事实，是技术革新推动的科学界中的一场经济利益与权力关系的再分配。随着网络数据库等新技术的不断推广，科学交流场域中最重要的两个行动者——科学共同体与商业出版集团之间的矛盾日益尖锐。本章试图在考察以在线数据库为代表的网络知识资源是否加剧学术界“数字鸿沟”的基础上，努力在社会—技术的互动过程中分析不同行动者的表现。

实际上，网络数据库技术一方面重构了科学界的知识资源分布，使科学信息资源的分布呈现出“去中心化”的趋势；另一方面，“这既在一定意义上重构了科学家的知识生产能力，也在一定程度上影响了科学共同体的传统结构”[①]。网络知识资源库所提供的数字知识资源已成为当代科学知识生产活动中一种重要的资源禀赋，导致“包括同行评议在内的科学交流活动正在经历一场基础性变革”[②]。与此同时，数字学术资源分布的不均衡也造成了科学界知识获取能力的差异，带来了科学知识生产中所谓的“数字鸿沟”（Digital Divide）现象，即“网络学术资源分布的不均衡造成的科学共同体中信息富有者和信息贫乏者之间的不平等”[③] 现象。科学交

---

① 李正风、丁大尉：《信息通信技术对科学知识生产方式的影响》，《自然辩证法通讯》2009 年第 6 期。

② Hey T. , Tansley S. , Tolle K. , *The Fourth Paradigm: Data - intensive Scientific Discovery*, Microsoft Research, 2009.

③ ［英］安德鲁·查德威克：《互联网政治学：国家、公民与新传播技术》，任孟山译，华夏出版社 2010 年版，第 65 页。

流中的“数字鸿沟”现象已得到国内外学者的广泛关注①，同时国内已有学者借鉴该理论解释了中国信息技术扩张所面临的相关问题②。

第一节 在线知识资源库与科学共同体的互动与共生

一 ICT：理解科学家新技能的关键要素

科学共同体已经逐步适应了网络知识资源库这种正式的学术交流方式，其中一个重要的表现便是科学家操作技能的提高。新的科学知识交流和生产环境对科学家的操作技能提出了新的要求，利用网络数据库等在线资源进行科学知识的浏览、检索、映像、过滤、导航等操作已经成为科学家进行知识生产中的重要环节，新技术“不但极大地改变了我们获取可观世界信息的方式，而且改变着我们重构客观世界模式的方式”。研究表明，当代科学知识生产环境中，科学家的信息获取能力与知识生产能力之间表现出了很强的相关性。

传统的信息检索和阅读模式属于线性交流模式，而在线知识资源库则建构了一个非线性、立体式的知识网格。科学家不但必须具备熟练地检索新知识的能力，同时还需要习惯使用包括超文本和超媒体在内的新知识形式。这些新技能不仅是科学共同体适应新技术环境的必然要求，从某种程度上讲，还影响了赛博科学时代科学家进行知识生产的能力。科学共同体之所以能够快速适应新技术环境，主要存在以下几个原因。

第一，网络知识资源库融合了新的知识表现方式。科学家不仅需要习惯声音、图片、图像甚至动画等新的交流元素，还需要具备熟练地对其进行操作的技能，有些学科甚至还需要科学家拥有文本编辑、图像制作、动画设计等操作能力。从笔者所做的访谈来看，很多教师表示他们具备熟练访问在线数据库等网络学术资源、快速查找相关知识内容的能力。但也有

① 海因（Christine Hine）、克兰（Rob Kling）、伯格曼（Christine L. Borgman）、布鲁克斯（Brooks S.）、赫纳德（Harnad S.）、弗朗森（Frandsen T. F.）等都是目前国外研究科学交流中“数字鸿沟”问题的知名学者。国内研究该问题的学者多集中于信息管理领域，方卿、乔冬梅、黄凯文、李春旺、孙希波等学者已从图书情报学角度关注过该问题，并且探讨了“开放获取”等新的知识共享方式。

② 李峰等（2011）以 TD－SCDMA 标准为例，从行动者网络理论的视角研究了通信行业的标准化战略问题；徐飞等（2011）从技术的社会形塑角度论述了我国三网融合的动力机制问题。

教师表示，网络和计算机操作能力的缺乏已经影响了他们的科研效率。而从笔者对清华大学的研究生所做的问卷调查来看，很多学生都表示存在对于在线数据库等网络资源的依赖性，在对于“影响你使用数据库的最主要因素”的问题的回答中，45%的学生选择了数据库的建设情况，42%的学生选择了网络速度，只有11%的学生选择了自己的操作能力。实际上，科学家在检索信息之前已经有了对于所获得信息的预期，科学家个体的操作能力和方式也会影响科学家信息获得的速度和效率的差异。

第二，在线数据库等网络技术的进化不断挑战着科学家的知识获取能力。网络学术资源不仅改变了科学家的知识获取习惯，还不断挑战着科学家的信息捕获能力。沃特兹认为对于在科学共同体中使用信息通信技术这一现象存在两条研究进路①，一是分析新技术对于科学家传统的学术实践（比如合作模式、发表行为等）方式的影响；二是对于新的学术实践（比如视频会议、在线评议等）的适应性以及研究这些实践的新方式。在线数据库、开放机构仓储等新的知识资源库已经成为科研信息的主要来源，但是科学家需要对海量学术信息进行高效的甄别、判断和选择。如何驾驭网络环境中的海量学术信息已经成为表征科学家科研能力的重要方面，网络知识资源库中新的信息组织和管理方式已经向科学家提出了快速捕捉最具学术价值的信息内容的新要求。

第三，网络知识资源库技术所塑造的新型交流方式不断培养着科学家的各种操作技能。这些新技能不但包括科学家操作网络和计算机的水平，还体现在科学家不断追踪并挖掘相关知识内容的能力上。举例来说，当代科学知识交流活动中，科学家需要熟练使用各种各样的计算机软件。比如TeX编程软件本来是计算机领域的一种专业排版软件，它提供的编辑工具可以编辑所有形式化的公式。为了更好地进行学术交流，如今该软件已被广泛应用于数学、物理等领域，很多网络期刊也都收录了利用该软件完成的科学论文。另外在所属科研机构的数据库不能满足科研需要的情况下，科学家只能通过在线付费以及私人或组织关系获取所需的学术信息，这都对科学家的网络操作技能提出了新的要求。

很多政府发布的科技政策报告中也体现出了提高科学家的网络操作技

① Wouters P., Vann K., Scharnhorst A., Ratto M., Hellsten I., Fry J. and Beaulieu A., *Messy Shapes of Knowledge – STS Explores Information, New Media, and Academic Work*, The Virtual Knowledge Studio, in Hackett E. J., Amsterdamska O., Lynch M. and Wajcman J. Eds., *The Handbook of Science and Technology Studies*, MIT Press, 2008: 319 – 352.

能的决心。OECD 1998 年发布的《全球研究村》报告中已经把 ICT 视为科学家的必备操作技能，“对于科学研究共同体来说，网络信息传输的好处是科学信息的开放格式、参考文献链接的引入、数据及视频等新知识形式、搜索功能等等”①，“对于这些工具的有效、熟练使用有助于提高学术生产能力，有助于科学家将更多的时间花费在科学研究上”②。同时，新的知识表达形式也增加了数据在科学研究中的位置权重，而网络技术则将文档、声音、图像等不同的知识内容编码为统一的数据形式进行传输，这也潜在地要求科学家熟悉网络中的各种数据处理和操作方法，继“人力和设备资本”之后，数据已被视为“第三种科学资本”③。

另外，很多国家的科技政策文本中还直接包含着培训科研人员的网络操作技能的内容。比如美国 NSF 的三次战略规划（《1997—2001 年战略计划》《2001—2006 年战略计划》及《2006—2011 年战略规划》）中都涉及了对于包括网络技能在内的培训科学家的项目，并将其定位为基本的科研发展项目。再如 2007 年日本学术振兴会（JSPS）启动了青年科学家的国家化培训项目（ITP），其主要目的就是帮助日本的青年科学家提高新技术的操作能力，从而赢得在海外研究机构学习和交流的机会。

二　在线知识资源库在学术交流中主体地位的构建析因

网络知识资源在科学交流体系中主体地位的构建是技术扩散和科学共同体的主动选择共同作用的结果。在当前赛博科学的科学知识生产背景下，网络知识资源库技术在不断塑造着科学家行为方式的同时也在各种因素的作用下不断调适进化。而包括科学共同体、网络出版商、图书馆、政府甚至公众在内的多元行动者在在线数据库等网络技术的扩散过程中，表现出了不同的价值判断与利益趋向。

第一，技术创新是推动网络知识资源库等技术不断扩散的主要因素。数据库技术已在很多领域中获得了广泛的应用，而新技术的发展则往往源自与科学无关或联系比较松散的技术性需求的驱动，在线数据库等网络技术的发展则与物理、电子、材料等学科的进步息息相关。技术创新尽管常常源自非科学领域的需求，但由于对数据和信息的收集、检索、甄别与处

---

① OECD, *Science*, *Technology and Industry Outlook* 1998, Paris, 1998: 60.

② Ibid., 57.

③ Schroder P., *Digital Research Data as Floating Capital of the Global Science System*, in Wouters P., Schroder P. Eds., *Promise and Practice in Data Sharing*, Amsterdam: NIWI - KNAW, 2003: 7 - 12.

理有一般性的影响，因而一旦出现，也会成为改变科学交流过程中信息与数据收集和处理的重要技术手段。同时，在线数据库等网络技术具有传统技术方式所无法比拟的显著优势，可以满足科学知识交流不断增长的需求。当前的在线数据库等网络知识资源已经可以实现高速的异步通信和宽带多媒体通信，而且友好的用户接口和便捷的浏览技术还保证了操作的简易性，如今任何人都可以在中国知网上建立自己的数字图书馆，定制所需要的科学信息。在线知识资源自产生之日起便迅速在科学共同体中扩散，已经塑造了一个全新的科学交流体系。

但同时我们也应该看到，任何技术都存在一定的风险性，网络知识资源库等新技术也不例外。在线数据库、数字机构仓储等新的交流方式也同样带来了很多新问题，机遇与风险并存。这些问题中比较常见的有计算机崩溃、网络安全和中断、数据丢失和保护等，它们都是学术资源数据库建设中的严峻问题。另外，协议和标准问题也是影响学术信息交换和共享中的重要问题，各出版商的不同利益诉求所导致的标准和协议的不统一也是在线数据库等网络技术长期以来面临的一个发展瓶颈，真正实现学术资源的融合尚需时日。

第二，网络知识资源在科学交流体系中主体地位的构建是科学知识生产过程中不断增长的交流需求的必然选择。随着科学知识呈指数形式不断增长，知识总量飞速增加，这便对科学家保存、检索和获取科学信息提出了新的挑战，恩格斯早就论述过，“社会一旦有技术上的需要，则这种需要就会比十所大学更能把科学推向前进”[①]。同时大科学时代的科学知识生产越来越呈现出社会化和全球化的趋势，大规模的合作研究成了科学研究的主要形式，交叉学科和边缘学科不断涌现。在新的研究背景下，科学家在科研选题、确定实验方法的过程中越来越需要获取大量相关信息，而网络知识资源中学术信息的丰富性则恰恰迎合了科学交流的这种需求。“海因”认为那些得到很好的发展的技术首先必须获得共同体的信任，其次必须获得个体研究者的认可，然后必须拥有对于投资机构相当的吸引力从而获得其投资。[②] 另外，近些年通信技术、电子技术等相关技术领域的不断进步，也不断推动着网络数据库等新技术的不断完善。

网络所提供的数字知识资源突破了科学信息获得的时空局限，实现了

---

① 《马克思恩格斯全集》（第 39 卷），人民出版社 1974 年版，第 198 页。

② Hine C. Eds. , *New Infrastructures for Knowledge Production*: *Understanding E - Science*, Information Science Publishing, 2006: 27.

高速的数据传输和信息共享，使全球科学共同体联结成为一个无缝的科研网络。现代科学研究越来越依赖于高精尖的实验设备，从某种意义上讲，一个国家的科研工具水平即代表了其科学研究的实力，很多大型科研设备如中子显微镜、粒子加速器等都需要巨大投资，特别是对于发展中国家来讲，对这些设备进行投资的难度非常大。通过网络知识资源获取前沿科研信息和数据则成为弥补科研设备落后的有效方法，可以帮助发展中国家的科学家追踪研究前沿、确定研究方向。

第三，文化传统也是影响科学共同体使用网络知识资源情况的重要因素。技术因素不是决定科学家选择在线数据库等网络知识资源的唯一因素，社会文化传统、个人习惯、国家和地区差异等都是影响该过程的重要因素。比如，科学家长期以来养成的查找和阅读信息的习惯即影响了他们对于新技术的接受程度，但总体来说，这些习惯是在与新技术的碰撞中不断调适的。从笔者的访谈来看，有的教师认为，尽管未来的网络知识资源可以提供超强的知识共享能力这一点是毋庸置疑的，但科学家对其的选择和接受仍将需要经历一个漫长的过程，个人习惯、社会文化差异等因素都将在其中发挥作用，新技术的扩散将表现出明显的路径依赖特征。总之，科学界独特的交流需求和文化传统共同促使科学家不断地对各种新技术进行比较、评价和选择。

同时应该看到，新技术不可避免地打破了传统学术交流方式长期以来在政府、图书馆、出版商和科学家之间形成的利益平衡格局，推动着各方利益关系的重新调整。实际上，学术交流过程深刻地体现了利益相关者的不同利益诉求。在线知识资源库技术不但加速了知识的共享和扩散，而且逐步分化甚至重构了科学交流体系中的利益格局。

第四，政府资助和管理科学研究的直接结果。当代的科学研究活动负载了更多的国家和社会发展目标，“政府正在从资助科学事业向管理科学系统转变”（李正风，2006d），而科研的信息化和网络化建设便是其中最为重要的一个内容，具体来说，包括加强网络基础设施建设、资助在线数据库等网络资源的购买和建设，等等。比如美国 NSF 资助的国际科研网络互联（IRNC）、英国的 e－Science、中国教育和科研计算机网（CERNET）等计划。而近些年我国的中国知网、万方数据资源系统等学术资源数据库的建设也取得了很大突破，不仅为我国科研人员提供了中文信息检索的有效平台，还不断地被很多国外图书馆所购买引进，成为国外学者了解和学习我国科学家的科研成果的重要途径。

对于新技术的选择政府往往起着重要的推动作用。新技术的推广前期往往需要巨大投资，而收益却具有明显的滞后性甚至不确定性，这种战略性投资往往需要政府承担。政府的推动还体现在对于科学家的培训中。面对网络通信技术的飞速发展，科研人员和教育工作者必须不断学习掌握新的操作技能以适应新的知识生产环境，而政府也正努力提高科研人员（特别是年老的科学家）的网络操作技能。促进大学、科研院所、企业研发机构等单位的包括在线数据库等网络资源在内的信息平台建设，提高知识生产能力，是新时期政府投资科学研究的一个重要目标。

另外，科学共同体中对于在线数字知识资源的使用存在着很大的不平衡性和不对称性，主要表现在以下三个方面：其一，科学家选择和使用网络知识资源库的方式存在明显的个体差异，受年龄、教育经历甚至家庭背景等多种因素的影响。一般来说，年轻的科学家较年老的科学家更为熟悉在线数字知识资源库的使用。其二，不同地域的科学家使用网络知识资源的状况存在很大差别，受所在国家的社会环境、所在地区的文化传统、所在机构的经济条件等各种因素的制约。通过对高能物理学家的工作过程与社会和文化环境的关系的研究，弗拉认为“进行具体的案例研究有助于丰富我们理解数字网络时代不同文化因素对于学术交流过程的塑造作用”①。其三，不同学科领域中在线数据库等网络资源的使用情况也存在很大差异。实际上，不同学科领域的科学家存在不同的交流需求，“各种新技术及大量附加业务的扩散正在稳步进行，但该过程绝不是一个线性过程，而是按学科表现出很大的差异性”②。总体而言，相对于社会科学来说，计算科学对于在线资源的更新要求更为强烈。

总之，当代学术交流方式中网络知识资源主体地位的构建不是一个单向的线性扩散过程，它是多个行动者之间不断博弈和协调的结果，是一个包括商业投资与利益分配、科学投入与产出等过程在内的复杂过程。巴伯认为，“当我们考虑到科学和技术对社会的部分依赖，当我们考虑到社会的组成因素怎样处于互动状态时，我们看到，这些‘抵制’也可以被视为其他社会因素比科学和技术更具有相对自主性的指示迹象”③。影响新技术在学术交流中扩散的因素很多，既有包括科学家的个人习惯、对于新技

---

① Fry J.，Talja S.，“The Intellectual and Social Organization of Academic Fields and the Shaping of Digital Resources”，*Journal of Information Science*，2007（2）：115 – 133.

② Nentwich M.，*Cyberscience：Research in the Age of the Internet*，Austrian Academy of Sciences Press，2003.

③ ［美］伯纳德·巴伯：《科学与社会秩序》，顾昕等译，生活·读书·新知三联书店 1991 年版。

术的认识程度等科学共同体的内部因素，又有包括国家政策的引导、商业企业的推动等的外部因素。可见，所有行动者集体参与了这种构建过程，而社会因素则在其中发挥了更为重要的作用。爱德华兹通过对社会和文化中计算机使用情况的研究认为，“计算机很少像‘影响’模式所暗指的那样，直接‘导致’社会变迁，但是它们经常会造成社会系统必须应对的压力和可能性”①。

三　网络环境下的当代学术资源配置：平等还是分化?

网络知识资源打破了信息获取中的时空限制，拓展了知识交流的广度和深度，为科学家提供了自由研究的无限可能。拥有网络学术信息访问权限的所有科学家在学术信息获得等方面实现了理论上的公平民主。信息内容的“虚拟性”是该平台最为主要的特征，美国计算机科学和远程通信委员会（Computer Science and Telecommunications Board，CSTB）认为，科学家的工具以及信息都是虚拟本地化的，与其实际位置无关。同时在线数据库等网络资源提供的知识的广泛可获得性使得科学知识生产过程的协作磋商特征更加明显。

新技术似乎正在构建学术界的“民主”文化，所有具有访问权限的科学家都可以共享数据库中的知识内容，体现了“自由”“平等”的交流理念。同时科学家的社会角色也逐步呈现出新特征，这一方面体现在新的交流网络对科学家学术声誉的建构，另一方面表现在为科学家进行项目申请等社会活动提供了新的路径。总体来说，新技术环境建构了科学家的多种身份特征，扩大了社会资源的获得能力，促进了科学知识生产中经济、政治、文化等因素的功能发挥。

在线数据库等网络技术提供了“学术界民主”理论上的可能性，但是对于该问题存在两种对立的观点。一种观点认为，网络知识资源库促进了学术界交流主体的平等性。第一，网络技术使外围的（处于科学共同体底层）、边缘化的（特别是发展中国家）科学家获得更多资源禀赋的机会大大增加，使他们同样可以追踪学术前沿，科学研究“去中心化”的特征日益明显。第二，通过在线数据库等网络资源获取学术信息只取决于科学家的使用权限，与科学家的社会属性（如国别、职称、单位等）无关，保证了学术交流和资源获得的平等性。第三，网络是一种开放资源，增加了底

① ［美］贾萨诺夫等编：《科学技术论手册》，盛晓明等译，北京理工大学出版社2004年版，第217页。

层科学家发表科学论文和向顶层跃迁的机会，带来了诸如虚拟科研组织等新的合作形式，一定程度上抑制了科学界的马太效应。第四，尽管科学信息的公平获取并未真正得以实现，但网络知识资源的确为科学家平等地占有科学信息提供了技术上的可能性，大量不同学科领域的专业数据库正不断涌现。

另一种观点则认为，尽管底层科学家的科学知识生产条件有所改善，但科学界的绝对民主只能是一种奢望，科学界的社会分层结构并没有发生显著变化。格拉泽认为，“互联网并没有改变科学共同体的社会结构，但是却通过为原始数据、知识生产，以及其他贡献提供更多的交流机会而影响了整个知识生产的模式。”从笔者的访谈结果来看，大部分学者认为新的学术资源配置和知识共享模式并没有从根本上改变科学界的资源分配状况，新技术实际上既改变又巩固了科学界的既有分层结构，这突出地表现在不同地区、不同研究机构中网络知识资源分布的不均衡现状上。笔者认为，通过技术革新达到学术资源配置的公平公正只是一种愿景设计，技术理性并不能自然地带来社会理性，实际上，两极科学家的成果产出差距仍在继续加大。

关于科研人员使用在线数据库等网络资源的情况以及目前学术界中学术资源配置的差别问题，笔者分别在清华大学和烟台大学等高校进行了经验研究，包括对于教师的重点访谈和对于研究生的问卷调查。清华大学和烟台大学分属重点和普通高校，它们基本可以代表我国的学术中心和非学术中心学术资源的建设情况。针对校内图书馆数据库的建设情况，笔者对清华大学 183 名和烟台大学 67 名研究生所做的问卷调查结果如表 5 - 1 所示。

表 5 - 1　　清华大学和烟台大学图书馆数据库建设情况比较　　单位:%

题项	清华大学	烟台大学
对于图书馆学术资源建设的满意度	95	39
学校的在线数据库等网络资源能满足科研需求	88	41
认为校内图书馆为最主要学术信息来源	91	37
经常使用开放获取数据库资源	27	35
认为网络学术资源会代替传统的纸质资源	86	89
认为自己具备网络环境下的信息检索能力	92	90

从表 5 - 1 可见，我国高校中网络学术资源的配置并不均衡，地方性

的高校和科研机构没有能力购买日益昂贵的在线数据库等网络资源，这也严重制约了普通高校科学研究的开展。数字资源购买的不均衡也直接导致两校研究生科研中信息来源的差异，调查结果如表5－2所示。

表5－2　清华大学和烟台大学研究生学术信息来源地比较　单位：%

学术信息的主要来源（可多选）	在线数据库等网络资源（校图书馆）	开放获取的数据库	学术 Google 等搜索工具	书籍或纸质期刊	其他途径
清华大学	96	36	41	21	14
烟台大学	42	38	86	28	28

可见，高校中图书馆中的数字资源建设情况决定了研究生的学术信息来源情况。在资源建设情况好的高校中，在线数据库等网络资源是研究生学术信息的主要来源；而在资源建设情况不理想的高校中，学术 Google 等搜索工具等开放资源的使用频率较高，通过同学、朋友等其他途径获取的比例也很高。另外需要注意的是，两校的数字图书馆都做了很多开放资源的链接，说明开放资源正逐渐成为重要的学术信息来源渠道。

从笔者所做的访谈结果来看，两校的教师大都不认为在线数据库等网络资源能使学术界实现真正的民主。烟台大学的很多教师表示，学校无力购买大量的数据库资源的现状导致他们很难获得前沿学术信息，这种状况已经严重制约了他们的科学研究活动，甚至造成了学术信息获得能力与科学知识生产能力之间的恶性循环。

新的科学交流环境中，尽管不乏从底层快速“跃迁”到顶层的科学家，但总体来看，科学界的既有分层结构并没有发生明显改变，主要表现在以下几个方面。

第一，网络知识资源的应用所带来的“数字鸿沟”加剧了科学界的马太效应。尽管网络拓宽了科学家获取以及发表知识的渠道，但同时也拉大了科学共同体的学术资源禀赋差距；另外，网络虽然重构了科学共同体的分布，但这并没有从根本上改变科学家对于学术资源的占有状况。从这个意义上讲，新技术更便利了精英科学家们发表、获取知识成果；与此同时，这部分知识成果也更容易在学界扩散。可以认为，“数字鸿沟”问题加剧了科学界中既有的不平等问题，马太效应更加严重。科学家的身份特征常常在网络环境中被不断复制，同时科学家在科学共同体中的分层情况也决定了他们的交流对象，“科学界的交流关系可以被分为两种类型、四个层次。两种类型是信息共享和知识生产，四个层次包括国际间、机构间、学科间和个人间的合作”[①]。也就是说，科学界的合作是分层次的，精英科学家选择合作对象的标准也是很严格的。网络技术虽然增加了外围科学家接触精英科学家的机会，但密切的合作往往发生在处于同一社会分层的科学家之间。实际上在线数据库等网络技术的扩张也在不断强化着科学家的“身份标签”，巩固着科学界的既有分层和科学共同体中的割据状态。

第二，在线数据库等网络资源并不能使科学家之间建立良好的“信任”关系。科学家长期以来积累的学术声誉是学术资源配置的基础，网络知识资源的使用并没有改变这种状况。“尽管 ICT 导致了社会结构的某些变化，科学界的重新组织看起来只被限定在改变（科学家）参与情况中，而参与的内容基本没有发生变化”[②]。“信任”是科学家合作的基础，而信任关系的建立则依赖于科学家的学术声望，很多科学家拥有较为固定的合作伙伴，网络技术并不能构建现实的社会关系。诺尔 - 塞蒂娜在对 HEP 实验项目进行人类学研究的基础上指出，问题的关键在于能否实现科学家从“成员”到“参与者”的身份转变，“（合作）要求信任关系，并且要进行所分担的工作量和既得利益的持续协商和再协商，即使在少数人中这也很麻烦”[③]。

第三，体制内外、不同地区和科研机构的科学家获取科学信息的成本仍存在很大差别。信息化的科研模式下，“体制内”（大学、科研院所等）的科学家占有的学术资源要远多于体制外（平民）的科学家。一般来说，民间科学家、所在研究机构没有购买所需数据库的科学家都要通过自行付费的方式获取科学论文。同时不同国别、不同层次科研机构中的学术资源数据库的购买和建设情况也存在很大差别。从国际上看，发达国家的网络学术资源建设情况要好于发展中国家；从国内来看，处于学术研究中心的高校和科研院所的数据库资源建设情况要好于边缘地区。

可见，科学共同体已经基本适应了在线数字知识资源这种新型的交流方式，表现在以下三个方面：一是 ICT 已经成为科学家的一种新的操作技能，并且该技能已日益成为影响他们科研能力的一个重要因子。二是网络

① Hine C. Eds., *Virtual Methods – Issues in Social Research on the Internet*, Berg Editorial Offices, 2005: 177.

② OECD, *Science, Technology and Industry Outlook* 1998, Paris, 1998: 69.

③ Knorr – Cetina K., *Epistemic Cultures—How the Science Make Knowledge*, Harvard University Press, 2003: 171.

数据库等新的技术形式重构了科学共同体的分布，新技术已经塑造了逻辑上更为复杂的知识获得路径，同时还构建了科学共同体中新的组织和合作模式，全球范围内的知识生产也达到了前所未有的紧密程度。三是尽管在线数据库等网络资源带来了学术信息资源的新配置，但并没有实现学术信息获得的真正平等，学术界的信息壁垒依然存在。

第二节　科学交流领域中商业力量的介入及影响

一 “门槛费”与当代科学交流中的新壁垒

网络知识资源的不断发展带来了学术交流中的两种趋向：一是科学共同体交流的日益深入，表现为在线数据库等网络资源所提供的即时更新的海量学术资源；二是科学信息的日趋垄断，表现为数据库中所提供的科学论文等知识产品必须以数字化商品的形式付费获得。尽管数字资源的费用一般由高校和科研机构承担，但是高昂的垄断价格使得很多机构无力继续购买大量的电子资源，数字学术资源的投资日益成为科研院所的沉重负担。齐曼认为，“现在，在许多情况下，这些订户不是个别的科学家，而是诸如大学和工业实验室这类机构的图书馆，但是这没有减轻整个原始交流系统的经济压力”①。麦凯布也认为，“过去几十年中数字期刊的订购费用远高于通货膨胀，引发了学术界的交流危机”②。科学知识产品的垄断经营极大地危害了科学交流活动，引发了科学共同体的集体反抗，科学界中相继出现了诸如 telnet 登录、ftp 传输等知识共享机制的尝试，并最终于 20 世纪 90 年代爆发了科学信息的开放获取运动，该运动至今仍在持续。

资本与技术的结合导致在线数据库等网络知识资源逐步成为学术交流的新壁垒。资本最大限度追逐利润的本性决定了出版商将知识视为商品，从而攫取高额利润的运营目的。网络出版商在科学交流中扮演的是“经济人”角色，几个大的出版商已经通过并购、捆绑销售等策略日益垄断了数字出版市场。20 世纪 90 年代以来，商业出版中的并购案例日益增多，科学信息资源日益集中在少数几个出版集团手中。其中比较重要的并购案例

---

① ［英］齐曼：《元科学导论》，刘珺珺等译，湖南人民出版社 1988 年版，第 95 页。

② McCabe M. J.，“Journal Pricing and Mergers：A Portfolio Approach”，*American Economic Review*，2002（92）：259－269.

有：Elsevier 于 2001 年并购了 Academic Press，旗下的期刊总数超过了 1800 种；Candover 投资公司与 Given 集团于 2004 年在原有的 Kluwer Academic 基础上收购了 Bertelmann Springer，成为仅次于 Elsevier 的学术期刊出版商，其期刊总数达到 1500 种①。这些出版商发行的数字资源以其产品的丰富性和完整性成为科学交流中的重要配置，高校和科研院所一旦停购这些数据库便意味着“学术断粮”，学术交流危机（也有学者称为“许可危机”（Ortelbach，2008）、“连续性危机”（Albert，2006））日益严重。据统计，排名前 4 位的出版商（Elsevier，Springer，Wolters Kluwer，Thomson）已经占有了国际市场 50% 的销售额；前 15 位共占 78%，前 50 位所占比重则达到了 96%。数据库出版中的市场垄断与产品价格的持续攀高形成了恶性循环，已经严重危害了正常的学术交流。

肖冬梅通过对 Elsevier 数据库垄断出版的研究分析认为，“Elsevier 集团刊物价格在 1986—2000 年期间上涨了 226%，而同时期的平均通货膨胀率是 62%，其盈利率在 32%—35% 之间甚至更高，甚至高于微软公司的 30%。在全球 STM 期刊领域，以 Elsevier 集团为龙头的商业出版公司拥有 75% 的市场份额，2003 年 Elsevier 集团的市场占有率高达 28.2%”（肖冬梅，2006）。商业集团的垄断、兼并行为导致了数据库价格的不断上涨，已成为高校和科研院所的沉重负担。从国内的情况看，以山东省这一教育大省为例，其 R&D 投入在我国基本稳定在第 5 位，但在山东省的高校中，仅有 4 家高校购买了雄踞全球出版业首位的 Elsevier Science Direct 数据库。

当前的知识发表模式要求作者在转让版权的同时还需支付一定数量的版面费，读者更需要付费才能获得所需要的科学论文等知识成果，而出版商则在这一过程中牟取暴利，造成了科学共同体既要付费发表又要付费获取科学信息的悖论。即使由政府资助的科研成果，普通公众甚至科学家也不能随意获取，而需通过图书馆或情报机构的订购、科研人员的单篇付费等方式获得。

纸质出版由于时间上的滞后性以及容量上的局限性已经不适应当代学术交流的要求，“国际许多著名科技期刊希望能将论文平均出版时滞控制在 6 个月左右或更短时间内”②。纸质交流模式的不适应性也间接推动了高校和科研机构中的数字资源建设，据报道，美国一般的研究型图书馆 2000 年订购期刊的经费比 1986 年增加了 3 倍，而订阅的期刊数则下降

① 肖冬梅：《版权的争取、让渡与公共信息权利保障》，《中国图书馆学报》2006 年第 4 期。
② 陈爱华：《出版速度与科技期刊质量》，《株洲工学院学报》2001 年第 4 期。

了7%。

学术界对于数字资源的巨大需求以及出版市场的高度垄断共同导致了在线数据库等网络资源等数字出版物价格的不断高涨，Blackwell 期刊价格指数显示[①]，1990 年到 2000 年，人文社会科学领域的学术期刊的涨幅高达 185.9%，而科技和医学领域的学术期刊的涨幅则分别高达 178.3% 和 184.3%。科学交流中商业力量的介入对于包括我国在内的发展中国家的危害更大，购买价格的不断提高使得发展中国家的很多科研机构难以为继。而对于学术资源占有的不均衡又使得发达国家和发展中国家的知识生产能力的差别不断加大，"数字鸿沟"导致科学共同体的两极分化不断加剧。布鲁克斯等认为，尽管造成发达国家和发展中国家的"数字鸿沟"现象的原因有很多，如资金不足、计算机资源缺乏、互联网操作技能低等，但"集成的全文数据库是消除数字鸿沟的最为突出的工具，因为它们提供了最为重要的研究资源"[②]。

当代科学交流中，数据库资源与科学信息增长之间已经建立了同步关系，而数据库资源也已日益成为科学知识生产环境的一个重要标识。实际上，科学家所拥有的学术资源包括无形和有形两类。无形的学术资源主要指科学家的社会属性，包括学术声誉、所在研究单位的性质及影响力、科学家的私人关系网络、学术职位甚至行政职位等要素，"立场理论加上对知识社会属性的承认共同表明，为了提升客观性，共同体或者科研探索应该多样化、有代表性、民主化"[③]；而有形的学术资源则包括科学家所在的科研单位的数据库购买情况、实验室设备条件、助手及学生的科研素养等要素。其中数据库资源是科研环境的重要配置，从某种程度上讲，也决定了科学家追踪学术前沿甚至知识创新的能力。

数据库的可获得范围已逐步成为科学界的学术信息资源占有情况的重要标志，同时也表征着科学信息场域中的学术权力，"在学术范围内，学术权力是压倒一切的权力"[④]。新时期知识对于权力的依附似乎披上了"合法化"的外衣，具体来说表现在以下三个方面：第一，数据库"科学

---

① 李武：《开放存取期刊》，《出版经济》2005 年第 1 期。

② Brooks S., Donovan P. and Rumble C., "Developing Nations, the Digital Divide and Research Databases", *Serials Review*, 2005 (31): 270 - 278.

③ ［加拿大］西斯蒙多：《科学技术学导论》，许为民等译，上海世纪出版社 2007 年版，第 172 页。

④ ［美］杰勒德·德兰迪：《知识社会中的大学》，黄建如译，北京大学出版社 2010 年版，第 117 页。

信息”代言人身份的构建，这种合法性的建立既包括科学家与数据库之间信任机制的建立，又包括数据库平台对于科学交流需求的内在适应性。第二，数据库具有强烈的封闭性和排他性特征，通信技术与资本的联盟推动了科学知识的商品化运作，不在合法端口和未经地址认证便无法获得数据库中的信息。第三，科学家的知识生产能力与科学信息获取能力的相关性。尽管两者不具有天然的必然性，但毋庸置疑，新技术参与了学术权力的建构，前沿的科学信息资源的获得情况已经成为决定科学家知识生产能力的一个重要因素。

二　反抗且依赖——以 Elsevier 的涨价风波为例

商业利益的介入已经对学术交流构成了巨大挑战，不同的利益群体围绕科学知识产品的购买价格展开了长期的斗争。科学共同体尤其表现出了矛盾的态度，他们一方面希望不断建设完善在线数据库等网络资源，为科学研究提供更为前沿、更为及时的科学信息，更希望在有影响的学术期刊上发表论文；另一方面，也试图打破数据库对于知识的垄断，实现真正平等、开放的信息获取。

网络技术引发的学术交流体系的变革是一个复杂的社会—技术（Sociotechnical）交互作用的过程，“随着知识共享和出版机制的改变，学术交流体系中利益相关者的关系也随之发生改变”①，数据库出版商追求商业利润的本性与学术界相对短缺的研究经费之间的矛盾构成了知识传播的新瓶颈，新技术也逐步沦为出版商获得高额利润的工具。从社会—技术互动的观点来看，科学交流体系中的利益相关者正在不断的斗争和协调中共同塑造着学术交流的新形态。不同的利益群体围绕数字知识产品的购买价格已经展开了长期的斗争。本部分试图以 2008 年和 2010 年 Elsevier 两次在中国的涨价风波为例，分析商业垄断对于当代学术交流构成的巨大挑战。

Elsevier 是一家向全球的科技和医学研究人员提供纸质、数字期刊和图书的国际化多媒体出版集团，多年来该集团通过合作、并购等方式不断扩大经营规模，至今已成为雄踞全球出版市场首位的出版集团，目前该出版集团已拥有全球 7000 多名期刊编辑，每年出版 2000 多种期刊以及 2200 多种新书，内容涵盖了医学、生命科学、社会科学和自然科学等领域，收

---

① Borgman C. L., *Scholarship in the Digital Age—Information, Infrastructure, and the Internet*, MIT Press, 2007: 55.

录的期刊中包括《细胞》《柳叶刀》等学术领域的顶尖级杂志。SDOS（Science Direct Onsite）是Elsevier出版的数据库，提供1995年以来Elsevier公司的1300多种电子期刊的全文服务，并且至少每周更新一次以上。随着网络通信技术的不断发展，数字出版业务已经逐步成为Elsevier的主要收入来源。

为了打开中国市场，Elsevier最初采用的是低价进入的策略。2000年进入中国大陆时，Elsevier规定高校和科研机构只要每年订购2万美元以上的纸质期刊，再加3万多美元，便可获得Science Direct的使用权。低价策略及其产品的丰富性使得Elsevier的中国用户数迅速增长，经过近十年的发展，Elsevier使中国科研人员对于SDOS的依赖程度日益提高，为最近Elsevier的强势提价打下了基础。2006年Science Direct Onsite向中国高校师生提供的下载量已超3000万篇，占所有外文科技论文下载量的59%，而2007年Science Direct Onsite的中国客户已达200多家。在此情况下，为了提高盈利，Elsevier开始希望提高其出版物在中国的销售价格，而中国的科学界则认为中国仍属发展中国家，无力承担高额的购买费用，所以其大幅度提价的行为遭到了我国高校和科研机构、政府部门乃至公众的一致反对。

2008年Elsevier决定将其学术资源的对华销售价格每年提高15%（实际达到了16.7%），为此，我国科学界以我国“211工程”总体规划中3个公共服务体系之一“中国高等教育文献保障系统”（CALIS）为代表出面统一议价，双方展开了多轮次的谈判。针对Elsevier提出的15%的涨价目标，我方提案涨价幅度不能超过7.5%，但鉴于我国学术界的使用现状，Elsevier公司采取了非常强硬的态度。

Elsevier不但通过对学术资源的垄断肆意提高销售价格，还做出了很多不合理的规定。比如武汉理工大学在2005—2007年没有订购该出版商的产品，Elsevier规定如果其想在2008年继续订购的话，则必须将之前没有订购的费用补齐。商品化运作方式已经严重影响到了正常的学术交流，学术交流机制正面临巨大挑战。面对高昂的垄断价格，广东外语外贸大学、广州大学、中国农业科学院等高校和科研机构在经费不足的情况下只能选择停订。

科学共同体也是这次涨价风波的重要行动者，并且表现出希望继续购买的强烈愿望。谈判期间，很多高校师生通过各种方式表明了希望继续购买Elsevier数字资源的态度，这对高校和科研机构造成了一定的压力，结果导致很多高校的图书馆单方面与Elsevier续签了采购合同。对此，CA-

LIS 的引进资源工作组采取了“不推荐、不认可、不签字”的“三不”态度。实际上，鉴于在线数据库等网络资源对于科学研究的重要性，全面停订已不可行。南开大学在停定的一段时间中即遭到了来自全校师生的强烈反对，很多教师表示，失去了学术信息和数据来源，再顶尖的科学家也没有用武之地，并将其称为“学术断粮”。但实际上，该校在外刊上订购的费用每年已经超过了 1100 万元。

总体上看，在 2008 年 Elsevier 的涨价风波中，中国大陆的大部分高校被迫接受了对方的提价方案，并陆续与其签订了续购合同，联合抵制行动以失败告终。但在科学界与出版商的斗争中出版商也并不总是占有绝对优势，同年，Elsevier 针对中国台湾地区的涨价提案在遭到整个台湾学界、科学组织以及台湾当局的联合抵制后失败了。面对 Elsevier 的强势涨价，台湾以“学术电子资讯资源共享联盟”（CONCERT）为议价代表，联合各高校发表了强硬的声明，不但决定暂缓续订，还倡导台湾的学术界对 Elsevier 采取“不投稿、不任编辑、不评论文章”的“三不”政策。在此期间，高校和科研机构则积极向科研人员解释，尽量争取他们的支持和理解。停用的决定终于迫使 Elsevier 的价格不升反降，这也成为多方联合抗衡出版商并取得成功的典型案例。

科学界与出版商间的抗衡是我国科学界必经的一个阶段，实际上，德国、俄罗斯、美国等科学先行国家都曾遭遇过类似的危机。更为严重的是，Elsevier 的涨价行动并没有停止。继 2008 年涨价风波之后，Elsevier 不顾在上一个合同期的年度涨价已高于 10% 的事实，继续提出将其全文数据库在下一个合同期内的价格每年再次提高 14% 以上，这引发了我国科学界更为强烈的反对。2010 年 9 月 2 日，国家图书馆、清华大学图书馆等国内 33 家高校和科研机构的图书馆联合发布了《致中国科技文献读者的公开信》和《致国际出版商的公开信》，信中指出①，“在促进科技知识传播、满足用户科技信息需求上，出版界与图书馆界有着共同的社会责任和共同的利益。这种责任的体现和利益的实现，必须建立在一个保障用户权益、适应社会现实、良性互动合作、长期稳定可持续的机制上。”中国科学院、高校图书馆数字资源采购联盟（DRAA）等均对此进行了报道。同

---

① 鉴于 Elsevier 的再次大幅度涨价行为，国内 33 家高校和科研机构的图书馆联合起来先后发布了《致中国科技文献读者的公开信》和《致国际出版商的公开信》，中国科学院国家图书馆、国家科技数字图书馆等多家图书馆均有公告，《科技日报》等多家媒体均对此进行了深度报道，很多专业论坛、科学家博客都对此事进行了评论。

时，不仅国内的科研人员以及社会公众通过论坛、博客等形式对此事表示了强烈的关注，美国康奈尔大学、霍普金斯大学等图书馆界也对中国的联合行动表示了支持。可以看出，在科学信息的获取机制问题上，国际科学界的立场是统一的，实际上，2003—2004 年，哈佛大学、斯坦福大学等美国十多所大学就曾抵制过某些出版商的大幅提价行为。

我国科学界在公开信中强调，“科技期刊文献是全人类（包括中国作者）共同创造的知识，它的最大价值在于广泛利用来造福人类，它不应该成为掠取垄断暴利的工具，它的市场价格也必须与社会经济发展的整体水平相适应”。尤其对于我国这样的发展中国家来说，学术信息资源的垄断对于学术交流带来的危害更不容忽视。从两次斗争中可以看出，尽管政府、相关科学组织等都有不同程度的参与，但科学家、公众以及高校和研究机构等不同行动者必须形成更大的合力，同时政府应该发挥更大的作用。从 Elsevier 在 2008 年和 2010 年对我国的两次提价以及我国科学界的抵制中可以得出以下启示：

第一，我国学术界已经对包括 Science Direct Onsite 在内的网络学术资源形成了巨大的依赖，这是在围绕数据库购买价格的争斗中出版商持有强势态度的主要原因。Elsevier 中国区总监孙高鹏透露，我国科学家在 Elsevier 发表的科学论文数量已占在所有国际期刊上发表总量的 29%，每年已超 2 万篇。

第二，从表面上看，各利益方是在纠结数字学术资源的购买价格，但实际上垄断价格形成的基础是长期以来形成的学术期刊的影响力。科学期刊的影响力既表征了科学家的学术水平，又构成了收录这些期刊的在线数据库等网络资源的“话语权”的基础。科学家将其获得科学界的承认以及同行的认可看得远比经济利益重要，他们往往认为在线数据库等网络资源是更快地传播先进的研究成果、争夺科学发现的优先权、提高科学家的学术影响力的重要平台。另外，高校和科研机构中的科学家往往不必直接向数字出版商付费，这就导致在这场纷争中科学家往往比较容易妥协。

第三，我国的科研奖励和评价体制是造成科学家“外刊依赖”局面的重要原因。科研机构的 SCI、EI、ISTP 等评价指标压力导致我国科学家生产的、由政府和社会所资助的大部分科研论文发表在国外的商业期刊上，发表时还要被迫转让论文的知识产权。而出版商再将这些知识产品高价卖给我们，从中获取巨额利润。国内期刊的学术影响力不高的现状也是这场博弈中我国科学界处于劣势的一个重要原因。

第四，Elsevier 的不断涨价行为为我国科技政策的制定带来了一定的启示。从国际上看，当前在线数据库等网络资源正处于飞速发展的时期，如何抓住这次契机，开发具有自主知识产权和较高国际影响力的学术资源数据库，打破国外数字出版商的垄断格局，是摆在我国学术界面前一个非常现实的问题。这就要求我们着手整合国内现有的学术资源，扩大中文数据库的国际影响力，积极建设英文数据库平台，并鼓励我国科学家积极投稿，逐步改变我国学术界的“外刊依赖”现状。另外，还应倡导国内科学家积极参与开放获取资源数据库的建设，多渠道获取和发表科学论文，这也是抵制科学信息商业垄断的有效举措。

三　科学信息的保密行为与商业垄断辨析

从上面的分析可以看出，数字出版商正通过垄断经营科学知识产品攫取巨额利润，那么知识的“商品化”形象的构建是否合理？科学知识的垄断经营是否可以在知识经济时代优先权竞争的框架下获得合理性解释？它是否属于科学信息的合理的保密行为呢？下面将进行具体分析。

（1）知识经济时代科学信息的保密行为。

知识经济时代，科学知识对于技术创新的巨大作用刺激了科学界与工业界的联盟，同时市场力量的介入激发了企业占有知识制高点的热情。科学家获得资助的渠道逐渐增多，并且常常主动与企业进行合作以期获得更多的科技资源。科学家不再满足于科学共同体的内部承认，而是更加关注科学知识带来的经济回报。知识与资本的结合被斯劳特称为“学术资本主义”，并认为新的竞争体系已经产生了从政策上鼓励大学进行商业化研究的趋向①。埃兹科维茨认为大学与产业的联合实现了知识的资本化，这种实现过程主要包括三条实现途径：一是管理者把研究成果让渡给其他公司以获得相应的报酬；二是大学中建立的某些研究机构向工业企业推销知识产品；三是科学家用自己的智识思想换取企业的相应经济回报。埃兹科维茨通过研究发现，“专利和特许办公室在美国和其他地方的研究型大学里已经变得很普遍了，它们通常是政府政策的产物：政府鼓励那些得到公共资助的研究成果商业化”②。新形势下知识的“公有”模式和“市场”模式的界限正逐渐变得模糊，一种融合了合作与竞争、公有与私有的新的科

---

① Slaughter S.，Rhoades G.，“The Emergence of a Competitiveness Research and Development Policy Coalition and the Commercialization of Academic Science and Technology”，*Science, Technology and Human Values*，1996（21）：303－339.

② Etzkowitz H.，Peters L.，“Profit form Knowledge：Organizational Innovation and Normative Change in American University”，*Minerva*，1991（2）：133－166.

学研究范式逐渐形成。

知识的“资本化”成了知识经济时代知识生产的目标之一，对于知识的态度也由共同体的“内部承认”转向追求“社会承认”，后学院科学的代表人物齐曼就认为知识生产同时包含了对于真理和价值的追求。而科学与政府间的集体契约关系也发生了明显变化，科学研究负载了明确的经济和社会目标，“我们关于‘科学’的总体概念正在经历一个根本性的转变”①。人们也日益希望增加大学和工业界的合作从而进行更多的创新活动。科学信息的“公有”规范也被包括“专有性”“保密性”“目标性”“价值负载性”等在内的多元规范所替代。埃兹科维茨甚至认为高校和科研机构的价值观必须发生改变以适应新形势的变化②。

同时我们也要看到，伴随着科学技术在社会中的运行方式的变革，一些高技术公司也组建了自己的科研团队，向一些技术甚至科学难题发起了进攻。而科学向社会的流动也并未如我们所预期的线性模式那样进行，很多科学成果并没有很好地转化为技术产品。可以看出，科学研究的投入是具有相当大的风险性的，而对于科学研究的投入，特别是基础科学研究的投入，则表现出了收益的长期性。于是，知识经济时代知识产权、专利等赋予知识生产者获得回报权利的机制便应运而生，知识归属问题使知识变得具有了“独享性”和“排他性”的特征。科学作为公共产品的判断已经有些松动，知识同时具有了“公有性”和“保密性”双重维度。

知识经济时代科学知识的保密行为主要表现在个人和组织等层面。第一，从科学家的个人层面来看，科学家与企业、社团等资助方之间形成了多种形式的“个人契约”关系。科学知识生产获得了新的激励机制，科学家可以将知识产品转让给资助方从而取得经济回报，甚至以专利的形式确定下来。在此生产过程中，科学家对自己的研究成果异常审慎，不愿意过早发表自己的研究成果，更不愿意与别的科学家“分享”已经取得的科研信息与数据。科学研究与商业活动的结合使得科学家更接近于经济上的“理性人”，表现在较之同行认可而言，科学家更偏爱申请专利、转让使用许可权、进行校企合作等活动。另外，从科技竞争的角度来看，科学家似乎也正日益远离知识的公有性规范。过早地发表前沿成果有可能会“泄露”所在领域的研究先机，为存在竞争关系的科学家提供研究嗅觉。在通

---

① ［英］齐曼：《真科学》，曾国屏等译，上海科技教育出版社2002年版，第74页。

② Etzkowitz H.，“The Norms of Entrepreneurial Science：Cognitive Effects of the New University – Industry Linkages”，*Research Policy*，1998（27）：823 – 833.

过专利等形式确立研究成果之前，“保密”是科学家的习惯做法。第二，从企业等组织层面来看，知识经济时代，企业、私有研究机构等已逐渐成为 R&D（Research and Development）的投资主体。政府不再是大学经费的唯一来源，科学知识的生产体系也正不断调整以适应新的市场竞争环境。埃兹科维茨和雷德斯多夫认为，“需要用有关创新的螺旋模型，来详细描述知识资本化不同阶段的多种相互关系。因此，大学、产业界、政府对这一过程的参与组成了创新的三重螺旋模式”①。据德兰迪统计，世界上最大的大学联合体之一——加利福尼亚大学从政府获得的资助已经不到 30%，“学术资本主义最引人注目的一个方面是技术科学（Technoscience）现象。这种后工业科学完全是由市场驱动的，并且在后工业科学中知识和商业的区分消失了”②。学术界与产业界联盟的结果是带来了对于生产“私有化”知识的承认，“保密”成了新时期知识生产的新规定，同时科学家必须生产有应用价值的知识产品以吸引企业的投资兴趣。在这样的知识生产环境中，科学家对于知识所有权的专有性受到了质疑。如果科学知识是由企业资助生产的，那么企业不仅应该享有知识的使用优先权，而且也应该拥有部分所有权，而具体分配形式则取决于科学家与企业所签订的合作协议。

从以上两个维度的分析可见，尽管知识保密行为不利于科学知识的交流，但对于知识的“独享”是企业投资科学研究的重要动力，科学的市场运作模式不但给科学家带来了丰厚的回报，也极大地推动了产学研的结合，这是值得肯定的，它与知识的“公有性”之间的张力只能在科学实践中加以平衡。

不难看出，知识经济时代要求在实用性、与境性、目标性和价值负载性上重新考量科学知识的生产，知识的生产者和投资者在某种程度上拥有科学知识产品的所有权是正当的、合理的，这也是企业化科学的重要特征。

此外，知识经济时代的科学规范也获得了新的解释，其中最为著名的便是齐曼提出的 PLACE 规范（即所有者的（Proprietary）、局部的（Local）、权威的（Authoritarian）、定向的（Commissioned）和专门的（Ex-

---

① Etzkowitz H.，Leydesdorff L.，“The Triple Helix of University – industry – government Relations: A Laboratory for Knowledge Based Economic Development”，*EASST Review*，2004（1）：14 – 19.

② ［英］杰勒德·德兰迪：《知识社会中的大学》，黄建如译，北京大学出版社 2010 年版，第 148 页。

pert))。齐曼认为该规范导致“现在，学术界的很多科学家受雇工作时都受到契约的限制，不能立即公布他们的成果”①。但实际上，PLACE 规范所认可的知识的“私有性”是与 CUDOS 规范强调的“公有性”互相补充、相互依赖的，它们共同构成了后学院科学的精神气质。有学者甚至认为科学家是在多维的价值空间中工作的，公有性和保密性同时构成了其中的一维②。在知识经济时代，知识的保护形式已经逐渐得以制度化。

（2）科学信息商业垄断的实质及其批判。

在线数据库等网络技术带来了科学界中科学信息的商业垄断现象，它是数字出版商利用数字网络平台垄断经营科学知识产品的结果。传统的知识出版方式主要以纸质书籍和期刊为主体，而网络通信技术的发展则迅速催生了以在线数据库等网络资源为代表的新的知识交流模式，但同时也为知识的商业垄断搭建了一个可行的平台。

科学信息的商业垄断为出版集团带来了超额利润，科学家必须通过网络付费、身份识别、ID 认证等方式才能获取商业数据库中的科学信息，这使得体制内和体制外的科学家在获得信息资源中表现出极大的不对称，即便是同在体制内的科学家，所属研究机构的层次差异也带来了学术资源获得的不平等。不能承担数字信息购买重担的科学家被屏蔽在了数字知识王国之外，而边缘、边远地区及发展中国家的图书馆等已不堪负荷日益上涨的垄断价格。即使像美国这样的发达国家也已经不堪负荷高昂的订购费用。2010 年康奈尔大学图书馆发表公告，认为过去几年 EMPS（工程、数学、物理科学）领域的订阅费用已经增加了 9%。平等、自由的交流理念并没有真正地得以实现。

可见，随着科学交流领域中商业力量的介入，网络等新技术已逐步沦为商业出版集团获得垄断利润的工具，科学界的学术资源分布呈现出了更大的不均衡趋势。不同机构、不同地域甚至不同国家之间的“数字鸿沟”现象日益严重，很多科研人员尤其是草根学者被屏蔽在学术信息屏障之外。在科学信息的垄断出版模式下，科学家被迫将科学知识的著作权转让给出版商，而出版商据此收取高额的使用费，从而获取高额的利润。图书馆、情报机构等单位以及科学共同体均不满于日益高涨的数字网络资源的接入费用。同时，知识的商业化运作也严重阻碍了科学知识的传播与共

---

① ［英］齐曼：《真科学》，曾国屏等译，上海科技教育出版社 2002 年版，第 139 页。

② Chubin D. E. , Hackett E. J. , *Peerless Science*: *Peer Review and U. S. Science Policy*, State University of New York Press, 1990.

享，与知识的“公有”理念相去甚远。

那么，科学信息的商业垄断现象是否可以在知识经济时代环境下获得合法性解释？对于知识产品的商业垄断是否属于合理的知识保密行为？笔者认为，虽然科学知识的“保密”与“垄断”都属于市场化行为，但知识的商业垄断不属于知识的“保密”行为，两者不具有同质性。商业垄断的本质是商业利益集团攫取巨额利润的手段，科学知识的商业垄断与工业界资助科学研究所获成果的私有性以及专利的独占性不能在同一个解释框架中存在。

科学信息的商业垄断与个人和组织层面的保密行为有着本质的区别。首先，从科学知识的“个人保密”层面来看，科学家个人的知识保密行为是指科学家有意识地保护自己智力成果的行为，表现为科学家以知识产权的形式将自己的研究成果以法律的形式保护起来，以确保自己作为知识产品的受益者地位。而出版商集团并没有对科学知识生产做出任何贡献，只是利用其垄断地位强制性地要求科学家在发表其知识产品（科研论文等）的同时转让版权，再进行知识的垄断出售，这从本质上不同于科学家的个人保密行为。其次，从科学知识的“组织保密”层面来看，工业企业对科学知识生产进行的投资往往具有一定的风险性与不确定性，其保密对象是自己科研团队研发的成果，目的是在与同行竞争中保持自己的优势地位。工业企业是科学知识生产的投资者和组织者，投资方有权最大程度地享有科研成果，并常常通过技术转让或授权的形式加以确立。欧文认为知识生产的信息链包括“具体的知识生产、出版、存档、传输和使用等活动以及完成这些活动的研究者、研究机构、图书馆和用户等行动者”（Owen，2002）。但是出版商却没有参与知识生产过程，在科学知识的生产过程中没有任何物质投入和智力投入，然而知识的商品化经营却使它参与了另一种形式的学术资本的建构，在科学知识的生产—评价—传播—消费链条中建构了知识“商品”形象（如表5－3所示）。

表5－3　　科学知识的保密行为与商业垄断的异同比较

	所处阶段	是否属于市场模型	是否鼓励科技竞争	是否参与了科学知识生产	保护的对象	科学家是否获得了商业利益
保密行为	科学知识生产	是	是	是	知识发现的优先权	是
商业垄断	科学知识传播	是	否	否	知识使用的所有权	否

尽管科学知识的商业垄断与知识经济时代的保密行为同为市场竞争的产物，但它们在知识生产中所处的阶段、保护的对象、是否鼓励科技竞争等方面具有完全不同的属性（如表5－3所示）。收录学术信息的商业数据库不属于知识经济时代的知识保密行为，其已严重危害了科学知识的交流活动，加剧了科学共同体中信息获取与知识产出的马太效应现象。

第六章　开放获取模式的发展与知识资源的反垄断历程

随着科学信息商业垄断的不断加剧，20 世纪末科学界爆发了一场轰轰烈烈的旨在推动科学信息共享的“开放获取”运动，并且获得了科学共同体以外的图书馆、科研机构、政府部门甚至社会公众的广泛支持。以开放获取为代表的知识共享机制尤其得到了我国这样的发展中国家的高度重视，近些年，我国社会各界也正深入推广这种知识获取策略。那么，从科学社会学的角度看，开放获取的知识共享机制究竟是一种什么样的知识获取方式？网络环境下这种方式的推广能否真正解决科学信息的商业垄断问题呢？

第一节　“开放获取”知识共享机制：历史、内涵与可能性

一　“自由科学运动”与开放获取新理念

实际上，科学界很早就曾出现过开放科学资源的信息组织方式，比如 1966 年美国教育部就曾与国家教育图书馆联合建设过“教育学信息资源中心”，计划建成实现书籍、论文等学术资源共享的免费数字图书馆。随着网络的普及，很多利用网络技术共享科学信息的策略开始大量涌现，免费的网络期刊和在线数据库等网络资源也开始出现。科学家相似的信息需求使得这些技术形式在科学交流领域迅速扩散，特别是非正式交流方式获得了一定意义上的复兴，比如大学中的电子公告牌（BBS）、ftp 文件传输等技术形式。按照 Peter Suber① 的说法，免费的、在线的、经过同行评议

---

① Peter Suber 是一位长期致力于开放获取研究的学者，他在自己的个人网站上以“开放获取运动的时间表”为题目收集整理了自 20 世纪以来到 2009 年 2 月开放获取运动经历的所有大事记，网站主页是 http：//www. earlham. edu/ ~ peters/fos/timeline. htm。

的期刊最早出现于20世纪80年代，这之后互联网中的开放学术资源实现了显著增长①。

经过长时间的酝酿，1998年科学界终于发起了一场名为“自由科学运动”的活动，正式提出了科学文献“开放获取”的倡议，并且明确反对科学家将论文的版权和复制权转让给出版商。同年，September 98论坛（American - Scientist - Open - Access - Forum）也开始设立，世界范围内科学家就科学信息的开放获取的可行性进行了全面探讨。

2000年10月，美国诺贝尔奖获得者H. Varmus博士明确发起了开放获取的倡议，并得到了全球180多个国家的3000名科学家的积极响应，他们联合起来向出版商发出了一封公开信，希望其学术出版物在出版后可以立即通过互联网让公众在线免费使用，此事件被视为科学共同体的一次较为成熟的集体意愿表达。

随后，科学共同体、科学组织、政府机构甚至社会公众逐步开始意识到开放获取的重要意义。2001年12月，开放社会研究会在布达佩斯通过了著名的“布达佩斯开放获取计划”（BOAI），该计划的主要目的是期望通过网络平台建立一个公平、开放、自由的科学交流环境，希望“加速让所有学术领域的研究文章都能免费供大家取阅”，进而构建起一个以知识公有为基础的新型科学知识生产环境。同时该次会议还对开放获取（Open Access）的定义、内涵、实现方式等做了明确的规定，认为开放获取是“将经过同行评议的科学论文和学术期刊置于互联网上，用户可以免费获取，并且可以不受版权和认证的限制”（Budapest Open Access Initiative），同时提出将作者自存档的预印本和开放期刊作为开放获取的两种基本实现策略，并且希望以《开放文库计划》（OAI）促进系统间的互操作，标志着开放获取的倡议获得了各界的认可。

随后世界各地相继召开了很多以开放获取为主题的会议，发布了一系列宣言（Havana宣言等），旨在促进科学知识产权方面的改革，并在此基础上推动了一些具体的开放获取项目的建设。比如“1999年‘开放社会机构’资助的eIFLDirect项目，即将超过5000种的人文社科及STM全文期刊向非洲和拉丁美洲地区的39个国家2000多家图书馆和研究机构提供

① Suber P.，“Removing the Barriers to Research：An Introduction to Open Access for Librarians”，*College & Research Libraries News*，2003（2）：92 - 94，113.

在线学术期刊的存取，绝大部分单位是免费获取”①（乔冬梅，2006）。可见，影响科学交流活动的行为主体不仅仅是少数的科学家，塞蒂娜认为这些不同行为主体之间持续复杂的斗争已经超越了科学本身，“在最一般的层面看来，超科学场域似乎是为了我们称之为资源关系的利用、扩张和垄断而进行可察觉的斗争的地方”②。

2003 年，包括科学家在内的社会各界召开了著名的开放获取柏林会议，并且签署了《关于自然与人文科学知识开放获取的柏林宣言》，宣布开放获取本质是“旨在推动互联网，把它作为一个全球科学知识的基地和人类反思的重要工具”。这次会议可被看作社会各界对于数字出版商商业垄断的集体声讨，并显示出试图打破出版商垄断科学信息的决心。迄今为止，柏林会议已经举行了八届（第八届刚在我国举办），每年都有很多国家的不同机构加入，影响越来越大。

时至今日，关于开放获取已经形成了三个比较重要的文件，即《布达佩斯开放获取倡议》（BOAI）、《百斯达声明》（BSOAP）和《柏林宣言》，同时各种开放策略和知识产权原则也在相关行动者的磋商和博弈中不断调适。很多组织开始将科学信息的开放获取作为自己的工作目标，各种免除身份认证的开放期刊和免费数据库也大量涌现出来③。

开放获取运动已经持续了十几年的时间，期间表现出了两个重要特征。一是科学组织和政府机构对开放获取持明确的支持态度。作为开放获取运动先行者的美国，已经制定了很多相关的法律法规。特别是在对于公众资助的科研成果的归属问题上，各国政府的态度已经基本一致，2004 年 OECD 34 国部长级会议签署的《公共资助之科技数据的开放获取宣言》即说明了这一点。二是开放期刊和数据库大量涌现，如美国公共科学数字图书馆（Plos）、生物医学中心（BioMed Central）等。如今大部分高校的图书馆都设有开放获取资源的链接，读者也可以通过互联网直接访问这些资源，同时还出现了专门提供开放信息统计和链接服务的网站，如“开放获取期刊指南”（DOAJ）。

总之，除了科学共同体的努力之外，科研机构、科研管理和资助机

---

① 乔冬梅：《e 印本文库——开放存取运动典型策略研究》，北京图书馆出版社 2006 年版，第 12 页。

② ［奥地利］诺尔 - 塞蒂娜：《制造知识》，王善博译，东方出版社 2001 年版，第 155 页。

③ Hajjem C., Harnad S. and Gingras Y., “Ten - Year Cross - Disciplinary Comparison of the Growth of Open Access and How it Increases Resarch Citation Impact”, *IEEE Data Engineering Bulletin*, 2005 (4): 39 - 47.

构、文献信息服务机构、政府机构的关注和努力也是推动开放获取的重要力量。2009 年 10 月 19—23 日是第一个国际开放获取周，也是开放获取运动（OA）的一个重要里程碑。经过十多年的发展，开放获取已经取得了一定的成绩，但同时也应该意识到，该运动至今仍处于发展阶段，还没有从根本上改变商业出版的垄断格局。

二　开放获取的内涵及其认识维度

在科学交流的链条中，科学家是知识产品的生产者和消费者，图书馆和情报机构是知识产品的组织者和收藏者，中间环节则由出版商完成。开放获取却试图在保留质量控制机制的前提下避开出版商这一环节，即科学家可以不经出版商而直接获得所需要的知识产品，使得读者可以通过互联网直接访问开放资源，不再需要地址认证和身份识别。

科学家非营利的知识传播动机和使用需求是开放获取得以实现的基本前提，克兰认为，"经过审定并已在一份杂志上发表的科学论文，其次要的功能是传递信息。它的首要功能是作为一种知识的声明，宣布它已经得到科学家的同行的评价和承认"①。开放获取本质上是这种认识理念的深化，并在此基础上试图实现知识产品的版权向科学共同体的回归。

开放获取正在塑造一种新型的学术交流机制，将科技信息资源的发布、管理、传播等各个环节寓于网络环境之中，以抗衡学术交流危机②。开放获取的内容包括原始数据、图形图像、计算结果等各种数字资料，一个开放的知识获得和创造环境正在逐步得以构建。一般来说，开放获取的自由交流理念包含以下两个认识维度：

第一，科学信息获得的平等性、开放性和广泛性。科学共同体是一个特殊的自治群体，他们在探索自然规律的过程中形成了内部独特的组织和分层结构，就知识的可获得性来讲，必须保证所有知识生产者的平等地位。开放获取的目标即是利用网络平台共享科学知识内容、实现知识的跨时空交流。

需要注意的是，开放获取的过程也是寻求学术交流过程中利益相关者利益关系新的平衡的过程。对于科学家来说，开放获取实现了科学知识生

---

① ［美］黛安娜·克兰：《无形学院——知识在科学共同体的扩散》，刘珺珺等译，华夏出版社 1988 年版，第 113 页。

② Okerson A.，"Open Access：Reflections from the United States"，*Serials：the Journal for the Semals Community*，2005，18（1）：20 - 25.

产者和消费者角色的融合；而对于出版商来说，有选择地将一部分知识内容开放则可以增大潜在读者群、提高出版机构的知名度，邵晓荣的研究表明开放获取有助于期刊的国际化和影响力的提高①。

开放获取还改变了在线数据库等网络资源中单向的信息传递模式，科学家同时拥有了信息的发布者、评议者和使用者等多重身份，新的交流方式不仅希望拓展科学信息的可获得范围，还试图将所有的科学家都塑造成科学知识的贡献者。巴恩斯认为开放环境是知识生产的重要条件，因为知识具有深刻的情景依赖性，“范例的未来性应用是开放式终结的”②，知识的开放获取是对于知识的开放式解读的必然结果。

同时，开放获取还消解了传统期刊唯一合法的论文发表阵地身份，科学家拥有了更为充分、自由地发表学术论文的空间。特别是对于底层科学家来说，文章被关注和评价的概率大大提高，真正具有学术价值的科研成果也更容易得以扩散。科学信息的开放获取还有利于消除专家和平民之间的二分性，近些年网络上不断兴起的各种“自由学者”即根植于开放的交流环境。从长远来看，科学信息的开放获取有利于弥合专家学者和社会公众之间的缝隙，不但有利于科学家获得前沿信息，还会对公众理解科学产生深远影响。科学信息的共享已经不仅是一种社会需求，更成为一种社会责任。

第二，开放获取的知识交流模式中知识的“建构”特征更加明显。网络平台构建了一个知识形塑的竞技场，异质性的行动者集体参与了知识的讨论磋商，“知识的鉴定是一个社会的过程，在这个过程中，每一个科学家的研究结果在经受其他科学家所做的批判性的评价之后，才能被认为是‘充分确定的’，科学交流系统在这个过程中起着必不可少的作用”③。在该平台上，不仅科学家可以随时补充修改已经发表的科学论文，而且其他读者也可以对论文内容随时发表评论，网络环境中的知识磋商甚至争论的案例时而有之。比如，《行为与脑科学》（*Behavioral & Brain Sciences*）是一个关于生物学、神经系统科学的著名期刊，其开放网站即提供了开放的评论空间，所有读者都可以就已经发表的文章发表评论。

集体的互动和磋商可以弥补个体科学家知识结构上的局限，而异质性

---

① Shao X. , Scherlen A. , “Perceptions of Open Access Publishing among Academic”, *Journal Editors in China Serial Reviews*, 2007 (33): 114 – 121.

② ［英］巴里·巴恩斯等主编：《科学知识：一种社会学的分析》，邢冬梅等译，南京大学出版社 2004 年版，第 129 页。

③ ［英］齐曼：《元科学导论》，刘珺珺等译，湖南人民出版社 1988 年版，第 97 页。

的行动者的引入则可以摆脱同质性的行动者趋同的思考模式的窠臼。同时知识建构的黑箱被打开后，各种社会的、经济的、政治的、文化的等非理性因素得以不断呈现。加维认为，网络环境下“没有任何科学家可以忽视各种信息的反馈以进行新的研究，比如来自编辑的评论、其他科学家的反应以及其他对该工作作出评论的力量都会塑造科学家新的工作内容”①。

SSK 学者更是激进地认为，科学知识的生产过程不仅充满了偶然性，而且是科学家群体之间利益纷争的结果，所有的知识内容中都渗透着社会因素的影子。传统学术交流过程中，知识的传播是单向的、滞后的，并且缺少反馈机制，科学知识的生产语境往往被屏蔽，无法探究科学交流实践在知识生产过程中的作用。但是开放环境中科学家对于科学论文的获取、评论甚至批判都影响着知识产品的最终形成。可以看出，科学交流过程的黑箱，是探究科学活动本质的一个重要场域，而具体场景的再现，则不仅显示了科学知识内容某种程度上的解释柔性，还揭示出隐藏在背后的各种修辞信息和博弈过程。同时开放环境还对扩大科学家的联盟范围、延展修辞策略的运用空间起了极其重要的作用。莱文斯坦认为开放网络中的讨论磋商已经成为知识形成机制中的重要环节，“基于网络的通信方式并不仅仅是传统的科学交流的一个附属产物，从一开始它就重塑了科学界的整个结构”②。塔普斯科特等也认为，网络空间中知识的建构并不只是简单的技术与作者间的互动，它还包括情感、价值观、语言、时空概念等非认知因素③。

尽管研究表明，知识内容的公开并不必然导致引用率的提高，但是弗朗森还是认为，“开放获取导致的读者群的民主化与论文所获得的引用率同等重要”④。开放的知识交流环境不仅展现了科学知识动态演化的复杂图景，其复杂的论证和修正过程还说明了知识的历时和历史性特征，推动着知识走向动态的开放式增长。这种依赖于全社会的力量通过有效互动解决问题的方式是特定历史语境下的理性选择，不同主体通过交流、探讨、争论到达成最终认同的过程则是开放平台塑造科学知识内容的直接体现。

---

① Garvey W. D. , *Communication: The Essence of Science*, Pergamon Press, 1979: 19.

② Lewenstein B. V. , “Do Public Electronic Bulletin Boards Help Create Scientific Knowledge: The Cold Fusion Case”, *Science, Technology & Human Values*, 1995 (2): 123 – 149.

③ Tapscott D. , Lowy A. and Ticoll D. , *Blueprint to the Digital Economy: Creating Wealth in the Era of E – business*, McGraw – Hill, 1998.

④ Frandsen T. F. , “The Effects of Open Access on Un – published Documents: A Case Study of Economics Working Papers”, *Journal of Informetrics*, 2009 (3): 124 – 133.

三 开放获取实施的现实可能性

迄今为止开放获取已经历了十余年的时间，并且已经产生了广泛影响。不仅开放获取的理念已经广为认可，而且包括公众在内的社会各界对于开放获取的要求也日益强烈。尽管开放获取作为利用网络平台反抗垄断出版的一种策略仍然存在很多问题，但是开放获取所取得的成果是有目共睹的。开放获取运动关涉政治、经济、技术、法律等各方面的各种因素①，总体来看，它的实现包括以下重要的现实基础：

第一，包括科学共同体在内的社会各界主体意识的觉醒。开放获取运动从一开始即汇集了社会各界的力量，得到了全社会的共同关注。首先，很多高校、科研机构正积极地参与着开放资源的建设。比如2005年英国罗素集团（Russell Group）中的19个研究型大学即共同签署了开放获取宣言，规定了科研成果的开放获取。仅2005年，“CIBER研究团队就发现参与开放获取的活动有所增加。认为对开放获取了解一点的作者比2004年增长了10个百分点，而对开放获取一无所知的论文作者的比率下跌了25个百分点。已经在开放获取期刊上发表过文章的论文作者的比率增长了11个百分点，增长到29%”②。2003年10月22日，德国中心研究院也联合其他几个研究院共同发表了《柏林宣言》，宣布将他们的科学发现免费提供给开放获取工程。这些案例充分说明了科学界对于开放获取的普遍认可，科学研究中共享科学信息的需求也决定了高校、科研机构逐渐成为推动开放获取的前沿阵地。美国麻省理工学院2009年通过了实施教师研究成果开放获取的政策，俄亥俄大学、哈佛大学等高校也已经为全球用户提供了高水平学位论文的开放获取服务，而芬兰教育部则牵头对13所高校的研究成果实行强制性开放获取。从全世界范围看，采取开放政策的高校和研究机构已经越来越多。

除了科学共同体的推动之外，德国马普学会（Max Planck Society）、开放社会协会（Open Society Institute）等许多行业协会和社会组织也积极参与了开放获取运动，尤其为开放获取解决了很多现实问题。比如“作者付费”发表模式是维系开放期刊正常运行的重要保证，但这极大地削弱了没有课题经费的科学家发表论文的热情。美国卫生研究所、霍华德尤斯医

① Dominguez M. B.，“Economics of Open Access Publishing”，*Serials Review*，2006（1）：52－60.

② 李麟：《2005年全球开放存取事业回顾》，《数字图书馆论坛》2006年第7期。

学研究所即同意为其专家支付在“开放获取期刊”上发表文章所需的费用。除此之外，社会公众对于科学信息的获取要求也是推动开放获取的重要力量。网络的普及使得知识传播的技术和经济障碍大为减少，使得科学的平民气质更加明显。如何建立一个安全可靠的开放环境已成为摆在开放获取运动面前的一个重要课题。

在我国，中国科学技术信息研究所与国家科技图书文献中心已经联合建设了中国预印本服务系统，另外还出现了中国科技论文在线、奇迹文库等开放论文网站，这些开放资源基本都实现了科研论文的自由提交、检索、浏览和在线评论。除此之外我国还建立了一批较有影响力的国外电子预印本的中国镜像站，如中国数理科学电子预印本镜像库（www. xxx. itp. ac. cn）。全球范围内的开放期刊、电子预印本等开放资源在推动我国科学家的学术交流与国际合作中发挥了重要作用，改变了我国科学界商业在线数据库等网络知识资源库建设和购买不足的现状。

第二，政府部门的鼓励和支持有力地推动着开放获取运动的发展。政府的政策供给和制度保证不断推动着开放获取的实践进程，特别是公共资助的科研成果的强制性开放获取政策的出台更是极大地改变了科学界的信息获取的现状。美国1980年颁布的拜杜法案（Bay－Dole）本质上是一部变更知识产权的法律。该法案规定，利用政府投资（纳税人的钱）进行的科学研究成果也可以进行市场转化，这实际上肯定了知识产权保护、技术转让、专利销售等知识产品的市场化行为，带来了学术的资本化①。但是开放获取则强调接受社会资助的科研成果的权力归属问题，希望通过知识产权向科学共同体的回归，实现知识的共享。

始于2005年5月2日的NIH开放获取政策是著名的强制性开放获取规定，RCUK也于2006年发布了《关于研究成果获取的最新立场声明》，支持公共资助项目研究成果的开放获取。而OECD 2004年就曾建议对于公共资助的研究成果实施开放获取，并且已于2005年将这一政策扩展到了所有的研究文献。令人欣慰的是，在新政策和法规的推动下，一些商业出版集团也被迫实行了某种程度的开放。黄如花等的研究表明，Elsevier期刊中开放获取的比例很高，并且还在不断增长②。2003年11月

---

① Borgman C. L.，*Scholarship in the Digital Age—Information，Infrastructure，and the Internet*，MIT Press，2007：79.

② 黄如花、张静：《Elsivier收录期刊可开放存取情况的调查与分析》，《中国图书馆学报》2009年第2期。

牛津大学出版商曾与牛津大学图书馆合作参与了 SHERPA 项目，同意开放 2002 年以来牛津大学作者出版的所有学术论文，而“斯坦福大学的 Highwire 出版社为其出版的期刊提供全文免费网络服务，截止到 2005 年 7 月 12 日已开放免费论文 929921 篇，被称为全球最大的免费全文学术论文数据库”①。

第三，网络通信技术为开放获取提供了必要的技术支持。当包括科学家在内的社会各界逐渐熟悉并习惯了网络环境之后，科学信息不受任何限制地开放获得便逐渐成为一种必然要求。

网络技术不仅构建了科学交流的新平台，甚至改变了整个科学知识的生产环境。兰开斯特即认为当前这种改变体现在四个方面，即科学文献的飞速增长、科学的不断分化和细化、论文发表周期的增长、出版物的价格飞涨②。

同时，网络技术也为打破科学信息垄断、变革信息组织方式提供了重要的技术支持。开放期刊和数据库本身也在不断提出新的技术开发要求，比如解决跨库检索和异构数据库的互操作问题，等等。目前开放获取的技术研究主要集中在以 OAI（开放文库计划）为核心的技术开发等问题上。

为了适应开放获取资源的迅速增加，瑞典隆德大学图书馆于 2003 年 5 月推出了开放获取期刊的检索系统（www. doaj. org）。截至 2010 年 12 月 25 日，该目录中已经收录了 5926 种开放期刊，其中 2486 种期刊提供全文服务，共提供开放论文 489293 种。

可见，保证科学信息的无障碍传播不仅是科学家的权利要求，更是科学家的责任所在。所幸的是，开放获取得到了科学家、政府、大学、科研机构、社会团体以及公众的广泛关注与支持，并已经“成为传统商业和大学出版的一种可行的替代方案”③。比如，开放期刊的大量涌现，各国政府致力于开放获取的各种制度性尝试，学会、协会对开放数据库给予的资助，各种机构知识库（Institutional Repository）的建设，等等。同时各种非正式的科学交流形式，如科学家的个人网站、学术博客、大学的开放课件、自行典藏中的预印本、电子邮箱、服务列表、主题论坛以及新兴的学术博客、Wiki 环境网站、RSS（Really Simple Syndication）、P2P 文件共享

---

① 刘辉：《网络环境下开放获取期刊的现状和评价》，《深圳特区科技》2005 年第 z1 期。

② ［美］兰开斯特：《通向无纸情报系统》，庄子逸等译，科学技术文献出版社 1988 年版，第 77 页。

③ Royster P. , “Publishing Original Content in an Institutional Repository”, *Serial Reviews*, 2008 (1): 27 – 30.

网络等都是开放获取的有效方式，“学术期刊进化为开放获取模式只是时间问题”①。

第二节 开放获取知识共享策略的运行机制及相关问题

一 开放获取对于商业数据库的反抗

在线数据库等网络技术使科学界信息获得的不平等状况日益严峻，同时也推动了科学共同体对于其他知识获取渠道的探索。网络通信技术为科学共同体打破商业垄断提供了技术上的可能性，同时接入过程的开放性和接入主体的平等性也为科学信息的“公平公开”提供了思想准备和精神支持，从而不断推动着平等、开放和自由交流理念的实现。

进入21世纪之后，一方面，数据库出版商不断提高购买价格，科学交流危机更加严重。摩根士丹利（Morganstanley）2002年的报告显示，2001年STM领域中9家出版商总共占据了50%以上的市场份额，而这9家中只有美国化学学会（ACS）一家是非营利性出版社，并且只占据了7.9%的市场份额。另一方面，开放获取的交流理念日益深入人心，希望“自由获取接入互联网的在线数字资源，而不需要订阅或支付出版费用”②。同时，开放资源也可为科学研究节省大量的经费，据法国金融分析家Sami Kassab的估计，采用开放获取模式将为全球的科学家节省40%以上的经费③。

“开放获取”试图构建一个不受时空限制的数字化公共交流平台，它包括交流主体的平等性、交流过程的开放性和交流形式的广泛性等内涵，不但缓解了科研机构的经济压力，消除了“许可危机”造成的学术信息垄断，还为边缘化的科学家特别是发展中国家的科学家提供了追赶前沿科学知识的可能性，有利于消除发达国家和发展中国家之间的“数字鸿沟”。威林斯基认为，“其（开放获取）义务是扩展知识内容的尽可能流通，理

---

① Shao X., Scherlen A., “Perceptions of Open Access Publishing among Academic Journal Editors in China”, *Serial Reviews*, 2007 (33): 114 - 121.

② Hall G., *Digitize this Book! The Politics of New Media or Why We Need Open Access Now*, University of Minnesota Press, 2008: 3.

③ 黄凯文:《科学信息的“公开获取”问题研究》，向数字化转型的图书馆工作（会议），2004年。

想情况是所有感兴趣和所有可能获益的读者都可以自由获得”[①]。发展中国家成为开放获取最大受益者表现在以下几个方面：第一，可以相对自由地从发达国家获得前沿科学信息；第二，发展中国家的科学家可以将他们的研究成果存档，增加了被发达国家的科学家关注的机会；第三，一些本地的研究成果获得了更多的被传播的机会。

实现开放获取的核心问题是知识产品的版权问题。开放获取试图实现学术出版控制权从出版商到科学共同体的回归。由于长期以来形成的版权格局很难在短时间内得以改变，所以开放获取只能暂时寻求一种新的版权政策以谋求科学交流体系中各方利益关系的新的平衡。但需注意的是，“开放获取”的科学信息必须是科学家“自愿”共享的，它并不反对版权、专利等知识产权行为对于科研成果的合法保护。“开放获取不是要从根本上推翻版权制度，而是在版权制度的基础上，通过增加新的竞争与博弈因素，促进版权法的变革和创新，其本质是反垄断，是要在出版者利益与社会利益之间保持相对平衡”[②]。

对于学术资源的占有乃至争夺是科学家推动开放获取的主要动因。如果用法国社会学家布尔迪厄的场域理论[③]来解释这场运动的话，那么科学家对于数据库商业垄断的反抗则可被看作他们试图改变科学交流场域中既存的客观关系网络的一种努力。在这种交流模式中，包括科学家和出版商等不同行动者间关系的客观界定培育了场域中的权力和资本，从而也决定了出版商在既有分配结构中的垄断地位。布尔迪厄的场域理论认为，场域中的行动者具有自主性和开放性特征，而对于权力和资本的追逐更是出版商理性的高度彰显。场域本质上是一种关系系统，网络知识资源库所建构的科学交流模式也不例外，场域中所有的行动者都是理性人，而异质性行动者所推动的开放获取运动就是为了争夺科学信息这种有价值的支配性资源，也可将其看作科学交流场域中权力和资本流动的主要原因，以及场域中力量变化和关系调整的动力。而包括科学家在内的其他行动者则一方面不断地表现出与该场域相符合的行为方式，另一方面不断地试图冲破既有的不合理的关系结构，从而获得更多的权力和资本，开始了“真正意义上

---

① Willinsky J., *The Access Principle—The Case for Open Access to Research and Scholarship*, MIT Press, 2006.

② 秦珂：《开放存取的版权政策及其构建》，《图书馆工作与研究》2008 年第 1 期。

③ 场域是布尔迪厄理论的核心概念之一，是指拥有自身独特的规则且相对自主的空间，其自主性是指抵御外部世界影响的能力。

的‘平等’和‘互动’”[①]。推动科学信息的开放获取势必需要打破既有的垄断格局，改变并重新配置科学交流场域中诸多行动者间的利益关系。

出版商的巨额商业利润是通过看似合法化的文化和社会资本建构的一种经济资本，并且通过知识产权等形式逐步得以制度化。后现代哲学的重要代表人物利奥塔非常关注知识与权力的关系，他认为科学知识是与社会、政治尤其是经济权力纠结在一起的，“知识以信息的商品形态出现，成为权力不可或缺的因素，在世界范围权力竞争中，已然变成最重要的筹码”[②]。出版商对于垄断利益的追逐导致科学交流活动中商业力量的介入，同时也重构了科学界新的知识与权力观。

但科学信息垄断是对知识的“保密行为”内涵的严重扭曲，知识商品化形象的建构是网络技术的革新与商业力量追逐经济资本的合力。而历史地审视开放获取这场运动则可以发现，该过程充满了不同行动者间的斗争和协调，即试图达到各方利益新的平衡。同时从开放获取的历史进程中也可以看出，阶段性和自主性是这场运动的重要特征。比如 Science 就已经主动开放了 1996 年到最近一年之前的研究型论文，从某种角度上来看，这也成为开放获取的一种新形式。

总之，开放获取的实质是反抗科学知识的商业垄断，它正将知识经济时代知识的“私有性”与学院科学中知识的“公有性”融合成一种新的知识获取范式。

二 开放获取进程中的相关问题及其对策

尽管科学信息的开放获取具备理论上的可行性，截至 2009 年底，全球范围内已经建成 1500 多个开放获取数据库，而且近些年也出现了一大批如 PLoS、New Journal of Physics、BioMed Central（BMC）等很有影响力的开放期刊，但是作为平衡各方利益的一种方法，开放获取在政策实施和操作规程方面还存在以下亟待解决的问题。

第一，科学信息的版权问题。开放获取倡导知识产权的“回归”，作者在一定程度上保留作品的版权，可以对知识产品进行包括电子版在内的多种形式的“自存档”，以保证知识产品可以通过网络进行传播。就发展

① 黄时进：《论科学传播受众的网络时代特征——基于布尔迪厄场域理论的视角》，《学术界》2008 年第 2 期。

② ［法］利奥塔：《后现代状况——关于知识的报告》，岛子译，湖南美术出版社 1996 年版，第 36 页。

现状来看，版权问题是制约开放获取的一个最为重要的因素。

商业出版模式下出版商强制性地要求科学家在发表科学论文之前转让版权，而实现开放获取的前提是保证版权的全部或部分回归。随着开放获取运动的深入，已经出现了很多新的版权政策的尝试，例如CCL（Chinese Chemical Letters）就进行了被称为“奠基人版权”的尝试。Springer在“Open Choice”政策中允许作者自主选择版权，即论文被接收后作者可以在传统的订购和付费发表两种模式中进行选择，而采用后者发表的论文则可以通过互联网开放获取。美国科学公共图书馆（PLoS）和英国医学出版中心（BioMed Center）使用的创作共用协议只保护作者的部分权利，而不限制包括商业用途在内的其他权利。而英国医学杂志（BMJ）则采用部分转让版权的方法，即只要求论文的首发权和商业利用权利，作者则保留其他权利。

但需注意的是，“布达佩斯开放获取计划”（BOAI）曾明确指出，开放获取并非是要突破现有的版权法，而是希望在现有版权法的框架内最大限度地实现开放获取。科学知识的开放获取也不否认开放资源的版权性质，而是在传统的版权政策中加入新的许可规则，从而消除诸如在线数据库、电子期刊等网络知识资源在科学交流中所设置的垄断价格和技术障碍。

第二，科研论文的发表费用问题。经费问题也是决定开放获取发展的重要因素。尽管不存在营利目的，但开放期刊和免费数据库都需要一定的运行成本。目前，开放期刊主要采取作者付费、社团和组织资助、政府或科研机构投入，甚至广告收入等方式维持运作，其中作者付费的模式较为普遍。发表费用问题已成为没有经费来源的科学家向开放期刊投稿的最大障碍，比如BioMed Central就规定向每位作者收取大约500美元/篇论文的发表费用，AIP（美国物理联合会）的三种开放获取期刊向作者收取的发表费用则高达2000美元/篇论文。

与商业数据库相比，在开放期刊上发表论文会产生两种不同的效果，一是该论文可以通过互联网进行共享，全球的科学家都可以免费获得；二是获得壁垒的消除和获得范围的扩大使得论文更容易引起同行科学家的关注。

就笔者的访谈结果来看，包括清华大学在内的很多教师都认为无论作者有没有可支配的科研经费，让作者承担发表费用都是不合理的。很多教师表示在期刊影响力相近的情况下，他们宁愿转让论文的版权也不愿自己承担发表费用。而就当前的实际情况来看，很多开放期刊还未具备传统期刊那样的显示度和学术影响力，所以这类期刊就很难吸引到高水平的学术论文。笔者认为，经费问题的解决有赖于科研机构、基金组织甚至政府部门的进一步投入。能否通过多种渠道解决开放期刊论文的发表费用问题是影响开放获取未来发展的重要因子。目前已经出现了很多资助在高水平的开放期刊上发表论文的尝试。比如中科院国家科学图书馆已经与 BioMed Central 签订了试验性的集团成员协议，规定中科院系统内的科学家以通讯作者身份在 BMC 开放期刊上发布论文时，由中科院国家科学图书馆支付50%的论文处理费，这极大地激发了中科院系统内的科学家向 BMC 开放期刊投稿的热情。

第三，科学知识的质量控制问题。科学是一项集体性事业和社会性制度，质量控制本质上也是一个社会过程，其目标是在读者与知识产品之间建立一种“信任”关系。而作为质量控制主要方式的同行评议则是指“科学家评议科学研究的一种集体行动（Collective Action），即一种制度化的评议活动”[①]。有人认为科学信息的开放获取可能会影响知识产品的质量，网络在消解了论文发表障碍的同时也导致虚假甚至错误信息的大量充斥。也有人认为开放期刊上发表的论文没有经过严格的同行评审，所以经常质疑其内容的正确性和可靠性。但实际上大部分开放获取期刊仍然采用严格的同行评议模式，有些开放期刊的评审流程甚至比传统期刊还要复杂，例如开放期刊 PLoS Biology 在创建之初即定位于该学科的高端期刊，评审中其退稿率高达90%，并且已经在学术界产生了重大影响。再如，著名的开放资源 BMC（BioMed Central）中的所有期刊均采用公开评审的模式，为了实现评审中的公平高效，还要求评审者必须签署 BMC 的评审建议，再由编辑综合各同行的评审意见决定是否采用该稿件。同时还应该注意的是，网络环境不但使得评议过程更加高效，还为评议机制增加了一些新元素，比如 BMC 会将每篇论文的提交、评审、修改等发表过程与论文的终稿一并刊出，并会持续地跟踪其他期刊的引用和转载情况，极大地拓展了质量控制的范畴。

同时网络还提供了开放评论的新空间，任何感兴趣的读者都可以就论文内容发表评论，评议模式显得更加民主。赫纳德的研究表明，网络中的评议比少数专家的判断更具民主性，而作者也可以从批评中获益[②]。开放

---

① 龚旭：《科学政策与同行评议》，浙江大学出版社 2009 年版，第 5 页。

② Harnad S.，“Learned Inquiry and the Net：The Role of Peer Review，Peer Commentary，and Copyright”，*Learned Publishing*，1998（4）：183－192.

评议模式暗合了知识的历史情境依赖，也凸显了知识的社会性和历史性。Smith 认为，“我们很快会过渡到作者和读者都能通过网络看到各种评论的时代，而同行评议的过程也将超越评价和判断的意义而成为科学过程的一部分。通过这样的开放过程我们试图表明，同行评议会赋予科学过程某种价值判断，同时在作者和读者之间建立更为直接的联系”①。但有人认为开放评论可能会造成“降低学术论文的完整性和原创新的结果”②，特别是对网络上自我任命的评议人的专业素养和学术水平提出了质疑。

网络的确为科学知识的生产带来了很多不确定性甚至风险性，自行典藏中的预印本、科学家的个人学术博客等非正式交流方式使得有些没有经过同行评议的内容直接进入了科学交流领域。信息过载也增加了科学家甄别、判断和选择知识内容的成本。如何完善开放获取的质量控制体系、有效规避网络交流的弊端是开放获取运动亟待完成的一项重要工作。

第四，开放期刊的显示度问题。提高开放获取期刊的认可度和显示度，必须为之提供良好的组织设计和制度保证。新制度主义经济学派的诺斯认为，“制度是社会的博弈规则，或更严格地说，是人类设计的制约人们相互行为的约束条件”（诺斯，2008）。制度性要素是影响科学家行为的重要因素。

拜科等通过研究发现，除了少数开放期刊已经获得了学术界的普遍认可之外，大部分开放期刊仍存在影响力和引用率偏低的问题，他认为开放仓储将是同时兼顾学术形象和开放要求的有效策略③。同时我们应该看到，很多单位并没有给予开放期刊足够的认可，而对于身处高校、科研机构中的科学家来说，考核和测评方式是引导他们发表论文的风向标。由于很多开放数据库中收录的期刊并没有获得考评体制上的认可，这就导致他们只能选择所在单位认可的杂志发表文章，“在昂贵的有同行评审的铅印学术期刊上发表论文，乃是学者不能忽视的一种学术声誉。只要学术期刊还被评审委员会视为唯一正当有效的论文发表园地，它就将继续被大多数学者看作是更好的选择”④。特别是当把他们所取得的学术成果与职称评定、

① Smith R.，“Editorial：Opening up BMJ Peer Review”，*A Beginning that Should Lead to Complete Transparency*，*British Medical Journal Online*，1999（318）：4－5.

② Tomlins C. L.，“The Wave of the Present：The Printed Scholarly Journal on the Edge of the Internet”，*Journal of Scholarly Publishing*，1998（29）：133－150.

③ Bankier J. G.，Perciali I.，“The Institutional Repository Rediscovered：What Can a University Do for Open Access Publishing?”，*Serial Reviews*，2008（1）：21－26.

④ 罗瑟尔：《21 世纪初的科学交流》，刘北成译，《国际社会科学杂志》（中文版）2002 年第 2 期。

课题申请联系起来的时候，科学家的态度就更加明确了，有科学家甚至认为开放获取只是一项“公益事业”。制度上的不健全也直接导致开放期刊很难吸引到高质量的学术论文，据教育部科技发展中心统计，2008—2009年，“中国科技论文在线”被《科学引文索引》（Science Citation Index，SCI）引用的总频次仅为12次。

弗朗森的博士学位论文中通过案例研究表明，如果能获得制度上的承认，借助于网络技术，“开放获取期刊可以获得更高的被引用率”①。可见，提高开放获取论文的社会认可度、建立有效的评价机制是推动科学信息开放获取的有力举措。

---

① Frandsen T. F.，“Scholarly Communication Changing：The Implications of Open Access”，PhD. Royal School of Library and Information Science，Denmark，2009.

第七章　开放获取知识共享模式的案例研究

开放获取包括开放期刊和数据库、机构知识库、开放文档、E - print、学术论坛、个人网页、学术博客等多种实现形式。“布达佩斯开放获取计划”中确定了两种重要的开放获取实现路径：一是免费网络期刊，如 PLoS Biology，BioMed Central（BMC），New Journal of Physics（NJoP）等；二是作者自存档（Author - Self Archiving）的论文 e 印本，指各种知识机构库，如 arXiv. org，qiji. cn/eprint 等。下面分别以 arXiv 和 PloS 两种典型的开放策略为例来分析开放获取的具体实现路径。同时，开放获取知识共享机制的构建涉及多个行动者之间复杂的利益关系，为了打开利益博弈的黑箱，本章从微观上探索开放自由建设过程中不同行动者的复杂关系，分别以 NIH 强制性开放获取政策和 Elsevier 在华涨价两个事件为例进行分析。

第一节　开放预印本与知识协同创作模式：以 arXiv 为例

在当前已经涌现出的多种基于网络信息空间的知识共享和协同创作模式中，科学论文的预出版（Preprint）[①] 是其中一种非常重要的形式，也是一种重要的开放存取知识共享策略。其中，arXiv 预印本服务系统是最早建立的开放存取平台，已在学界产生了重大影响。目前国际上对于 arXiv 知识共享平台的研究主要是从信息管理、知识建构与科学计量三个层面展开的，比如赫纳德等（Harnad）研究了网络知识共享平台中可统一检索的虚拟文库的建设问题[②]；苏伯研究了 arXiv 等电子预印本和开放期刊的发

① 科学论文的预出版是指科学家在正式发表学术论文之前，将论文预印本通过开放网站、个人主页等形式进行发布，以接受同行的评论甚至批判的发表形式。

② Hajjem C.，Harnad S. and Gingras Y.，“Ten - Year Cross - Disciplinary Comparison of the Growth of Open Access and How it Increases Resarch Citation Impact”，*IEEE Data Engineering Bulletin*，2005（4）：39 - 47.

送、管理和获取的相关问题①；斯都等研究了电子预印本系统的质量控制问题②；弗兰德森则通过计量分析比较了 arXiv 等开放资源与传统科学期刊的被引用关系③。国内对于该问题的研究则主要集中在情报学、知识管理等学科中④，鲜有信息哲学和网络社会学视角的分析。本书希望基于 STS 的研究进路，从科学知识生产方式演变的视角出发，探索在 arXiv 等网络信息共享模式的推动下，当代科学知识生产活动所呈现出的新特征，以期为提高我国科学共同体的创新能力提供有益的借鉴和启示。

一 arXiv 知识协同创作模式的内涵与功能

自相对论与量子力学两大发现相继问世以来，物理科学的研究可谓日新月异，以纸质期刊为代表的传统知识交流模式逐渐显示出发表时间和速度上的巨大不适应性。在这种背景下，论文发表之前通过网络公开论文预印本（Preprint）的交流方式应运而生。实际上，精英物理学家小范围内传播论文预印本的做法由来已久，而网络的出现则将其拓展成一种真正意义上的开放资源。arXiv 知识协同创作平台在随后的十几年中产生了重大的社会影响，直接推动了世界范围内开放获取运动的发展。不仅如此，梅尔茨的研究表明，理论物理学家较其他专业更倾向于即时的信息交流，"随着 arXiv 知识共享机制在高能物理学领域影响力的逐步扩大，科学共同体中跨地域的合作也逐渐增多起来"⑤。

arXiv 是由美国国家科学基金会和美国能源部资助，在 1991 年由美国洛斯阿拉莫斯（Los Alamos）国家实验室建立的电子预印本数据库，也是历史上最早的开放获取资源形式。arXiv 的主站点设在康奈尔大学，在世界各地设置有 17 个镜像站，中科院的镜像地址是 cn. arXiv. org。arXiv 建立的最初目的是促进高能物理和粒子物理学家之间的学术交流与共享，之后随着影响力的逐渐增大，arXiv 涵盖的领域逐步扩展至物理学、数学、

---

① Suber P.，"Removing the Barriers to Research：An Introduction to Open Access for Librarians"，*College & Research Libraries News*，2003（2）：92 - 94，113.

② Seadle M.，"Copyright in the Networked World：Author's Rights"，*Library HiTech*，2005（1）：130 - 136.

③ Frandsen T. F.，"The Effects of Open Access on Un - published Documents：A Case Study of Economics Working Papers"，*Journal of Informetrics*，2009（3）：124 - 133.

④ 国内学者对于该问题的研究多集中在开放存取知识共享环境的构建等问题上，王佳佳、孙斌、陈晋、乔冬梅等都是国内研究该问题的知名学者。

⑤ Merz M.，Knorr - Cetina K.，"Deconstruction in a 'Thinking' Science：Theoretical Physicists at Work"，*Social Studies of Science*，1997（27）：73 - 111.

非线性科学、计算机科学、定量生命科学、计量金融学和统计学等不同学科，科学家可以通过 E－mail、FTP 等方式将其原创性论文上传至相应的学科数据库中。2011 年全年 arXiv 上的论文提交量约为 60000 篇，系统全年的下载量约为 30000000 篇。截至 2013 年 1 月 17 日，arXiv. com 上收录的文章已达 814056 篇①。

arXiv 除了接受正常注册的科研人员提交的论文之外，还收录部分电子期刊（如 American Physical Society、Institute of Physics 等）。同时，作为开放知识资源，arXiv 上在线提交的论文默认的是文责自负的原则，不经过同行评议就可以在 arXiv 上公开发表，所以 arXiv 上的知识内容更新的频率很高。arXiv 收录的内容包括文献出处、收录时间、arXiv 存档号、标题、作者、文摘以及学科主题分类，同时它还提供参考文献和被引情况的链接。访问和下载 arXiv 数据库的内容不需要登录或通过其他形式的认证，另外用户可以通过 RSS 即时获得最新的文献标题和摘要，也可以通过 WWW、E－mail、Catchup 界面、arXiv 存档号等方式检索或获取所需文献。

最初，arXiv 的管理者和投稿人都是高水平的高能物理学家，稿件的上传、批准、下载都是自动完成的，所提交的论文基本不存在质量问题。但网络的普及以及科研工作者数量的增多导致近些年该数据库所收录的论文质量有所下降。为了提高论文质量，arXiv 对于上传人的身份稍作限制，比如需要包括“. edu”的后缀地址的 E－mail 作为注册地址才能成为合法用户。2004 年之后，arXiv 开始引进认证（Endorsement）的审核机制，规定第一次给 arXiv 提交论文的作者必须与合格的 arXiv 认证人（Endorsers）联系，获得他们的证明才可以投稿。2007 年之后，arXiv 也开始使用一些反剽窃软件检测所提交的论文，这些都可以算作 arXiv 采取的重要的质量控制策略。

论文提交到 arXiv 相应的学科数据库后便开始进入学术同行的开放评价与讨论之中，所有对该问题感兴趣的科学家都可以对其提出质疑甚至批判，论文作者也可以进一步就其他科学家的问题给出回答。但需注意的是，参与 arXiv 知识协同创作的科学家必须遵守共同的学术规范和语言程式，其学术评价制度实际上是建立在科学共同体自愿自觉基础上的“专业监管人”（Moderators）制度。双向互动的交流模式使得论文内容得以不断更新，而 arXiv 提供的“版本控制”功能则可以确保对于学术文献的永久

---

①　数据来自 http：//www. arXiv. org 网站。

性存储，arXiv会以不同版本保存每篇文章的初稿和评议、修改过程。

如今，arXiv数据库已经产生了广泛的学术影响，不但物理、数学等学科的科学家非常关注该开放获取知识资源，而且很多传统期刊也开始从中寻找高水平文章。另外，科学家在向arXiv发布论文的同时，也可以将该论文提交给其他学术期刊正式发表，一旦论文被其他期刊录用，e-print arXiv的论文记录中将加入正式发表期刊的相关信息。

arXiv所构建的知识共享平台包括以下重要功能。

其一，构建了开放共享的知识协同创作平台。近些年来，出版商不断地单方面提高知识资源数据库的垄断价格，高昂的垄断价格已将很多科研人员屏蔽在前沿学术信息的获得范围之外，数据资源分布的不均衡进一步拉大了科学共同体内部知识生产能力的差距，开放获取知识资源的最初建设目标就是为了打破这种知识垄断格局。arXiv这种科学论文预印本发表平台自创建之初便迅速为广大科研人员所接受，其目标是提供一个开放的数字化公共知识服务系统，在此基础上构建一个不受时空限制的学术交流共同体。

其二，解构了科学权威的学术霸权，重建了学术界的新秩序。传统的知识发表模式包含一个漫长的同行评议过程，这就使得最终的知识产品不但需要经历较长的时滞期，同时也是少数学术权威“选择”的结果。少数顶尖级科学家判断和评价科学知识内容的策略尽管可以从理论上保证知识产品的“客观性”和“正确性”，但同时也会逐渐造成学术界资源的日趋垄断。实际上，学术权威在判断知识内容的时候也不可避免地受其自身的学术视野甚至价值判断的影响，从这个意义上讲，arXiv赋予所有科学家平等地判断、选择乃至评价科学知识产品的权力实际上挑战了科学界的传统权威结构。

其三，具有创新意义的科学思想获得了更加广阔的表达空间。必须看到，科学知识生产是一种创造性活动，带有很强的探索性和不确定性，需要不断地进行大胆假设，构建新的科学假说。有些新理论是在信息不完备的情况下获得的，最初看起来并不合理，甚至是“荒诞不经”的，它们很难获得在正式期刊中发表的机会，而arXiv则为此类新思想提供了新的交流平台，使其获得了被进一步检验和论证的可能。从另一个角度来看，科学知识内容作为智识性的“自由创造”，并不是科学家个人的认知行为，还必须依赖科学共同和更广泛的社会群体的“实验检验”和“社会选择”，而arXiv恰恰可以公平地给予那些不符合当前科学范式的新思想接受检验甚至批判的机会。

二　arXiv 知识共享机制的 STS 分析

科学知识生产方式是“在科学知识生产过程中形成的人与自然、人与人之间相互联系的体系”①，不但包括个人及集体特定的认知活动，也包括内部不同要素（科学共同体、大学、企业和政府等）之间的交换关系，还包括特定时期社会的发展状况和资源禀赋。如今，技术性因素已经成为科学知识生产活动中重要的物质性因素，理解信息、网络等新技术平台对于当代科学知识生产方式的塑造作用，对于提高科学共同体的知识创新能力乃至构建国家创新系统都具有重要的方法论意义。

由 arXiv 的知识共享过程可以看出，基于网络平台的科学知识生产和交流方式已经发生了明显变化。首先，科学知识生产活动的行为主体已经由单一的科研人员扩展成包括社会公众在内的众多行动者的集体行为。其次，科学知识生产、传播和获取等各个环节不再孤立存在，而是成为一个融会贯通的知识生产网络。最后，新技术导致科学家在知识生产活动中融合了多种身份特征，在知识生产的各个环节都发挥着能动作用。从科学知识生产方式演变的视角看，以 arXiv 为代表的网络知识共享机制正赋予当代科学知识生产活动以新的特征。

第一，知识发表与学术评价的开放性。arXiv 为科学家提供了一个高效、即时的知识发表与获取环境，解决了传统知识发表机制的时滞期问题。同时，arXiv 数字知识资源库呈现出全球范围内广泛的可获得性，一定程度上改变了当前学术界数字资源分布不均衡的现状，使得知识分布呈现出“去中心化”的状态。另外，科研论文被提交到 arXiv 公共平台之后便成为开放存取资源，这就为青年科学家特别是发展中国家的科学家的知识成果获得同行关注降低了社会成本，为那些处于科学界底层的科研人员的新发现创造了接受同行评阅的新路径。2002 年数学家 Grigori Perelman 将自己对于百年难题 Poincare Conjecture 的初步证明发表在了 arXiv 上，并因此获得了 2006 年的菲尔兹奖。

arXiv 中知识的公开发表与开放评议的特点是其自建立之初便迅速吸引了大量物理学家参与的重要原因。其一，真正具有创新思想的知识内容得以迅速扩散。Gentil – Beccot 等通过对高能物理学领域人们阅读与引用行为的研究发现，提交到 arXiv 上的论文会产生 5 倍于之前的引用优势。其二，知识内容的评价主体的范围扩展至所有对该问题感兴趣的科研人

① 李正风：《科学知识生产方式及其演变》，清华大学出版社 2011 年版，第 3 页。

员。从方法论上看，基于网络的开放评议使得知识内容更具客观性和真理性，集体经验的汇聚可以有效弥补个体认知能力的不足。另外，知识评价过程中多元行动者的集体参与也解构了少数学术权威垄断知识评价的特权，这也更加符合科学独特的运行规范和价值诉求。

但需注意的是，在线信任环境的构建是 arXiv 中开放评议模式的基础，同时对于科学共同体一定程度的约束则是其知识发表与评价策略的重要保障。随着科学家在科学知识生产过程中越来越多地参考甚至引用机构仓储、预印本等各种开放资源，科学发现的优先权和版权等问题也日益突出。当前 arXiv 的做法是，"arXiv 是一个科学信息仓储，它会为每一次论文提交和替换进行永久性记录"，"当科学家在 arXiv 服务器上发布手稿或预印本的时候，他们的文档会在数据库中标注上一个时间，以此作为优先权的证明"①，并在正式出版的时候明确标出。

第二，知识传播与科研合作的广泛性。arXiv 颠覆了传统的知识传播理念，极大地扩展了科学家获取科学信息和数据的频率和范围。亨克通过统计分析发现，arXiv 中知识内容的开放程度与其获得的引用率和关注度呈正相关关系②。知识传播方式的改变实际上包括两个层面的含义：一是通过网络的即时传播和获取，除了浏览、下载量的增长之外，知识的被引频次也明显增长。Harnad 等通过对 arXiv 中 95000 篇关于物理和数学方面的开放文献的计量研究发现，它们远高于相同期刊、相同年份的非开放文献的被引频次③。二是改变了科学界既有的学术信息的不均衡占有状态。具体说来，以 arXiv 为代表的开放资源减小了由于数据库等电子资源分布的不均衡造成的科研环境的地域和机构差异，部分地消解了学术资源配置的不均衡导致的科学界中新的"数字鸿沟"，即"网络学术资源分布的不均衡造成的科学共同体中信息富有者和信息贫乏者之间的不平等"现象④。

另外，知识传播方式的变化也扩展了科学共同体的科研合作模式，建

---

① Borgman C. L. , *Scholarship in the Digital Age—Information, Infrastructure, and the Internet*, MIT Press, 2007: 86.

② Moed Henk F. , "The Effect of 'Open Access' on Citation Impact: An Analysis of arXiv's Condensed Matter Section", *Journal of the American Society for Informaiton Science and Technology*, 2007 (13): 2047 – 2054.

③ Harnad S. and Brody T. , "Comparing the Impact of Open Access (OA) vs. non – OA Articles in the Same Journals", *D – Lib Magazine*, 2004 (6).

④ ［英］安德鲁·查德威克：《互联网政治学：国家、公民与新传播技术》，任孟山译，华夏出版社 2010 年版，第 65 页。

立了学术界新的学术网络。具体说来，表现在以下三个方面：其一，基于网络的知识共享重构了全球的知识和智力资源分布，所有的科学家理论上具备发表、获取、评议知识内容的相同权限；其二，基于 arXiv 的知识传播极大地推动了跨国家、跨区域科学家之间的合作，基于相同学术兴趣的“科研共同体”更加容易建立，科学研究的“地球村”特征更加明显；其三，增大了底层科学家向顶层“跃迁”的概率。arXiv 使得普通科学家获得了更多被同行关注甚至认可的机会，获 2006 年度菲尔兹奖的俄罗斯数学家格里戈里·佩雷尔曼对庞加莱猜想证明的 3 篇论文最初均发表在 arXiv 上。

arXiv 的知识共享理念决定了它自创建之初便面临着与商业出版之间的对立关系。关于开放论文的知识产权，arXiv. org 的官方网站（www. arXiv. org）则做出了如下声明：arXiv 并不要求版权的转移，但是我们保留永久散布所提交论文的权力。arXiv 允许作者拥有所提交论文的版权并有权将其授予第三方，同时确认可以按照知识共享原则将其应用于公共领域。当前 arXiv 支持的是创作共用许可证 CC（Creative Commons Licenses）制度，规定在遵循 CC 协议且按作者指定的方式署名的情况下保证科学信息的自由分享，甚至不排斥商业应用。这种技术—科学现象实际上导致了“在后工业科学中知识和商业的区分消失了”①。

第三，知识的协同创作与科学共同体的虚拟重构。arXiv 知识共享平台的参与主体是具有不同知识背景的异质性行动者，他们共同参与着知识的发表、评价与讨论。知识行动者的集体参与决定了 arXiv 中知识生产的开放性和合作性，而知识生产过程中的互动磋商又决定了知识内容的建构性和生成性。这种交流机制使得论文的最终版本集成了很多科学家的智慧，“个人理性的有限性所导致的认知偏差也需要通过社会交流加以克服，这也是体现超越个体科学家的集体智慧的重要方面”②。参与精神和贡献理念是知识共享策略的重要保证，而集体性的讨论磋商则使得知识成果拥有了更为坚实的社会资源基础。

可以看出，arXiv 为科学家提供了一个全新的竞争与合作平台，“新形势下知识的‘公有’模式和‘市场’模式的界限正逐渐模糊，一种融合

---

① ［美］杰勒德·德兰迪：《知识社会中的大学》，黄建如译，北京大学出版社 2010 年版，第 148 页。

② 李正风：《科学知识生产方式及其演变》，清华大学出版社 2011 年版。

了合作与竞争、公有与私有的新的科学研究范式逐渐形成"①。其一，集体参与意味着知识由传统的少数学术权威垄断的局面转变为异质性行动者之间的相互评价、学习和彼此认同，arXiv 中的知识协同创作实际上是"不同行动者间的互动、探讨、沟通、分享、交流与合作"②；其二，知识生成过程中科学家之间长期的互动磋商乃至批评批判，构成了网络平台中知识的"共生产"状态。毫无疑问，这种知识"共生产"是在社会—知识互动的语境中展开的，社会性因素（如技术标准）以及非理性因素（如科学家的个人情感）一定会在其中发挥作用。

同时，arXiv 知识共享机制引领了一场解构"科学共同体"既有分层结构的运动，重构了当代科学共同体的分布。arXiv 知识共享平台隐匿了科研人员的国别、职称、研究机构等社会标签，赋予他们形式上的平等地位。科学界中既有的地域关系、师承关系正逐渐弱化，虚拟关联正在加强，全球范围内科学界的新秩序正在逐步建立。Walsh 通过对基于网络的学术交流的研究发现，今天的科学家已经习惯于在全球范围内寻找合作者，从而"将他们有限的研究时间用于与他们专业的科学家进行联系上"③。arXiv 知识共享机制使得科学共同体中基于"学术兴趣"的新型社会网络逐步形成，改变了科学界传统的杰出人物统治格局。

第四，知识生产与知识增长的历时性。arXiv 中知识内容的最终版本的形成经历了反复争论、反驳和修正的历史展开过程，这一过程也可被看作是知识"共识"的获得过程。网络中知识内容不再表现为静态信息的简单叠加组合，而是面临着被广泛地质疑和调整的可能，历时性成为知识生产新的特征，知识变成一个动态的开放式增长过程，"范例的未来性应用是开放式终结的（Open Endlessness）"④。同时在这种开放式增长过程中，学科结构的多样性与科学家个人知识背景的复杂性决定了 arXiv 中知识评价的标准融汇了"客观知识"之外的诸如效益、竞争力、资源分配等社会标准，社会—知识互动的情境性特征更加明显。

实际上，arXiv 中的知识生产活动已经表现出"共时性"与"历时

① 丁大尉：《科学信息的开放存取与知识的"公有性"信念》，《科学学研究》2011 年第 10 期。

② Goodyear P.，"Situated Action and Distributed Knowledge：A JITOL Perspective on EPSS"，*Innovations in Education and Training International*，1995（1）：45 – 55.

③ Walsh J. P.，Roselle A.，"Computer Networks and the Virtual College"，*Science Technology Industry Review*（OECD），1999（24）：49 – 78

④［英］巴里·巴恩斯等主编：《科学知识：一种社会学的分析》，邢冬梅、蔡仲译，南京大学出版社 2004 年版，第 129 页。

性”的双重维度，它们共同决定着当代科学知识增长的新路径。其中，“共时性”表现在科学共同体发表和获取科学论文过程中的同步性，而“历时性”则包括以下两层意思：其一，知识内容在时间维度上的不断补充、修正和完善。arXiv 中所有的（甚至包括已经在其他专业期刊上发表了的）知识内容，均处于被不断评议和修正的开放环境之中。其二，同一学科中科研论文的累积体现了该领域中知识内容“历时性”的发展轨迹，以时间为索引维度，通过对该学科中最新科学论文的认知发展网络进行知识图谱分析，可以研究不同学科的发展态势以及学科间的交叉关联关系，甚至可以通过对索引网络聚焦点的分析预测未来科学的发展方向和发展热度。

但是必须看到，以 arXiv 为代表的开放存取资源仍然面临着很大的发展困境。开放资源的社会认可度不高是制约其增长的首要因素。在我国，很少有单位将 arXiv 等开放资源纳入考评范围，这就导致我国科学家对于此类开放资源的关注程度明显不够，所以建立高校和科研院所积极有效的评价机制是推动开放获取资源建设的重要举措。弗朗森通过案例研究表明，如果能获得制度上的承认，借助于网络技术，“开放存取期刊可以获得更高的被引用率”①。可喜的是，电子预印本书库正在被越来越多的研究人员和机构所认同。例如，中国科技论文在线（Sciencepaper）中的论文已被近 40 所高校认可为符合研究生毕业、职称评定要求的论文。除了社会显示度之外，开放知识资源的知识产权、质量控制等问题也是制约其发展的重要问题。

三　arXiv 知识共享机制的影响及启示

实际上，吉本斯在《知识生产的新模式》中已经指出当代科学知识生产方式正经历着模式 1 到模式 2 的转变，并指出模式 2 的知识生产方式呈现出应用情境性、跨学科、异质性与组织多样性、社会问责与反思性、质量控制等新特征②。这些特征准确地回答了新形势下当代科学知识生产活动的目标、特征和功能的变迁。然而，考察当代科学知识生产方式的变化，必须重新理解当代科学知识生产活动面临的新的生产条件，尤其是深

① Frandsen T. F.，“Scholarly Communication Changing：The Implications of Open Access”，PhD. Royal School of Library and Information Science，Denmark，2009.

② ［英］迈克尔·吉本斯等：《知识生产的新模式：当代社会科学与研究的动力学》，陈洪捷、沈文钦等译，北京大学出版社 2011 年版，第 5—8 页。

入考察技术性因素推动下的科学知识生产方式的演进所带来的新问题。

著名科学技术学专家贾萨诺夫曾提出过著名的科学知识“共生产”的概念①，认为知识及其物质体现是社会制造的产物，同时，知识及其物质体现也构成了社会生活的形式。也就是说，自然知识内容与知识得以生产的社会条件是互相内嵌、彼此共同生产出来的。而近些年来 STS② 的研究则强调，科学知识内容是由多种行动者在各种方向上推拉所产生的偶然性结果。各种看似与知识生产无关的行动者，比如自然资源、市场环境、技术环境等都在知识的形成过程中发挥着作用。同时更为直接的表现则为，存在于社会—技术交界面上的异质性行动者，比如技术专家、工业企业、政府都直接参与了知识最终形态的建构，知识的增长是包括技术条件在内的众多行动者交互作用推动的合力结果。

基于网络信息空间的知识共享已经成为当代科学知识生产的重要特征，对于这种知识共享和交流模式的考察也已成为理解当代科学知识生产方式新特征的重要方面。通过对 arXiv 知识共享机制的分析可以看出，网络、信息等技术性因素正推动着当代科学知识生产方式不断发生变化。

对于当代科学共同体来说，不管是从知识的获取、交流以及发布，还是从具体的科学实践活动（比如科学素材的选取、科学实验的设计、实验数据的处理以及实验结论的验证）来看，都已经离不开基于网络的新的科研环境。可以认为，基于网络的科学实践能力已经成为决定科学共同体科学知识生产能力的重要因子。在这种情况下，研究网络环境下当代科学知识生产的新特征，就成为深入理解当代科学共同体面临的新的科学实践环境，进而提高科学知识生产能力的重要问题。我国目前正处于网络技术快速发展的时期，对于我国科学共同体来说，对该问题的研究具有更为重要的现实意义。

对于我国科学共同体来说，必须深刻理解和把握当代科学知识生产环境面临的新变化，快速融入基于网络平台的全球“研究村”之中，积极培养跟踪、关注网络开放学术资源的习惯，及时获取前沿研究动态，与国外顶尖级科学家展开实时交流，这也是提高我国科学共同体科研效率、加速科技创新的重要保证。同时，政府应该积极为我国科学家参与包括 arXiv

---

① Jasanoff S., *States of Knowledge: The Co－production of Science and Social Order*, Routledge, 2004.

② STS（Science and Technology Studies）是当前社会科学研究中一个生机勃勃的跨学科领域，它以多元化的研究进路为特征，希望通过社会学、历史学、哲学和人类学方法来探讨科学技术在实践与互动中的形成过程，而非将科学看作一种既定的自然知识的集合。

在内的开放资源提供良好的组织安排和制度保障，具体来说需要积极探索解决包括对于开放资源体制上的认可、学术质量控制、版权政策设计等问题的有效路径，尤其是需要改变我国高校和科研院所现有的科研评价体系，为利用网络开放资源提供良好的社会环境，政府的引导和支持是提高包括我国科学家在内的社会成员公共知识获取能力的重要保证。以 arXiv 为代表的开放数字知识资源库的建设是一项凝聚众多科学家知识和智慧的集体事业，值得我国这样的处于追赶阶段的科学后发国家积极参与和努力学习。

第二节 NIH 强制性开放获取政策的实施历程及其影响①

数字学术资源高昂的垄断价格已经成为当代科研机构和科学家个人的沉重负担，知识早已背离默顿的“公有性”规范，社会公众甚至科研人员正面临着既要付费发表又要付费使用科学论文的困境，学术界的“数字鸿沟”（Digital Divide）现象，即“网络学术资源分布的不均衡造成的科学共同体中信息富有者和信息贫乏者之间的不平等”现象直接导致了学术交流危机的产生②，诺贝尔奖获得者罗伯茨指出这种现象“实际上是在阻碍科学”。科学信息的“开放获取”运动就是在该背景下发生的。这场始自 1998 年的“自由科学运动”明确提出科学文献“开放获取”的倡议，反对科学家将论文的版权和复制权转让给出版商。阿兹伯格③、戴维斯④、弗兰德森⑤、赖特⑥等多位学者都曾证明过科学信息的开放获取带来的社

① 本节主要内容已以“NIH 强制性开放获取政策实施中的利益博弈——基于多元行动者交互作用的分析视角”为题发表在《图书情报工作》2013 年第 6 期。

② ［英］安德鲁·查德威克：《互联网政治学：国家、公民与新传播技术》，任孟山译，华夏出版社 2010 年版，第 65 页。

③ Arzberger P., Schroeder P., Beaulieu A., Bowker G., Casey K., Laaksonen L., Moorman D., Uhlir P. and Wouters P., “Promoting Access to Public Research Data for Scientific, Economic, and Social Development”, *Data Science Journal*, 2004, 3 (3): 135 – 152.

④ Davis P. M., “Author – choice Open Access Publishing in the Biological and Medical literature: A Citation Analysis”, *Journal of the American Society for Information Science and Technology*, 2009, 60 (1): 3 – 8.

⑤ Frandsen T. F., “Scholarly Communication Changing: The Implications of Open Access”, Ph D. Royal School of Library and Information Science, Denmark, 2009.

⑥ Wright K., Light K. and Stirk L., “What's on the Web? Open Access Research”, *Health Serv Res Policy*, 2011, 16 (1): 62 – 64.

会和经济方面的好处，劳斯特甚至认为开放获取已经逐步“成为传统商业和大学出版的一种可行的替代方案”①。

在近些年涌现出的诸多实施开放获取政策的案例中，NIH（美国国立卫生研究院）的强制性开放获取政策是政府推动实施的典型案例，已经产生了重大的社会影响。国内外已有学者对该问题进行了一定的研究，如舒尔茨研究了开放获取实施过程中由版权政策导致的利益分配问题②；萨伯分析了FRPAA提案提出的历史背景和实施环境③；国内学者肖冬梅等分析了NIH公共获取政策的发展历程、具体内容和执行情况④。从STS视角看，NIH开放获取政策制定过程中包含多元行动者间的利益博弈关系，认识和把握该政策实施中不同行动者的角色定位和功能发挥，才能为我国开放获取政策的制定提供积极参照。

一 NIH强制性“开放获取”政策的实现历程

从全球范围看，美国的科学信息是最为开放的，“美国学术事业的成功相当大程度归因于科学信息的开放”⑤，其中NIH强制性开放获取政策是世界开放获取发展史中的重要事件，它的实施大体经历了准备、请求和强制执行三个阶段。

早在2003年美国第108届国会第一次会议上，民主党议员萨博（Martin Sabo）就提交了一份《公共获取科学法案》，首次提出由联邦政府资助的科研成果向公众免费开放的提案，但该提案在著作权保护方面采用了极端的手段，最终未获通过。经过近一年的酝酿，2004年7月，美国众议院拨款委员会提出了NIH资助的科研成果开放获取的政策建议，并且指导NIH制定了相应的开放获取草案，建议将接受NIH实质资助的科研论文提供给国家医学图书馆联机档案库（PubMed Central，PMC），并且规定了6个月的时滞期。在社会各界的积极响应下，2004年9月NIH在联邦

---

① Royster P.，“Publishing Original Content in an Institutional Repository”，*Serial Reviews*，2008，34（1）：27－30.

② Scholze F.，“Internationa lisation of Information Services for Publishers' Open Access Policies”，http：//www.peh－med.com/content/3/1/19，2013－12－16.

③ Suber P.，“SPARC Open Access Newsletter”，http：//www.earlham.edu/～peters/fos/newsletter/05－02－06.htm#frpaa，2012－11－18.

④ 付晚花、肖冬梅：《美国NIH公共获取政策及对我们的启示》，《图书馆杂志》2008年第10期。

⑤ Reichman J. H.，Uhlir P. F.，“A Contractually Resconstructed Research Commons for Scientific Data in a Highly Protectionist Intellectual Property Environment”，*Law and Contemporary Problems*，2003，66（12）：315－462.

公报上正式公布了第一份开放获取草案[①]，并且为该草案设置了60天的公众评议期。截至12月16日，NIH总共收到了6000多份评议书。在充分考虑各方建议的基础上，NIH最终确定了其开放获取的请求性政策。2005年2月，NIH公布了开放获取政策的最终版本，科研信息公共获取政策草案也正式生效了，不过时滞期由6个月延长为12个月。但遗憾的是，在该政策实施的前8个月中，与应该提交给PMC的文章数量相比，NIH手稿递交系统实际接收的手稿递交率不足4%[②]。同年5月，国家医学图书馆董事会成立了NIH公共获取工作组（Public Access Working Group，PAWG），负责就此问题展开进一步的协商，值得注意的是，该工作组中的17位成员囊括了从科研人员、出版商、科研机构、图书馆员、科学组织到普通公众等不同的利益方。经过充分的论证，2005年11月，PAWG正式提出开放获取政策的强制性实施建议，同时提请将公开论文的时滞期由一年缩短为半年。

不过强制性政策的实施就此搁浅了一年左右的时间。经过一年多的充分考证和认真准备，2007年3月，NIH院长泽鲁尼（Elias Zerhouni）正式向国会提出了政府实施强制性开放获取政策的请求。之后经过不同利益相关方的激烈争论，美国国会终于在2007年的财政拨款案中首次将"请求"（Request），改为"要求"（Require）。2007年7月19日，众议院批准了该提案，同时将时滞期调整为12个月。10月和12月，参议院和国会分别通过了该提案。2008年4月7日，该提案正式生效。一年多以后，奥巴马总统签署的2009年度《全面拨款法案》中终于将NIH的强制性开放获取政策作为一项永久制度确立了下来。强制性开放获取政策实施之后，PMC每月有近3000份新文章入库，PMC数据库的访问量每天也超过了200万人次，截至2011年6月，PMC收录的文章已逾200万份[③]。

二　STS视角下多元行动者之间的利益博弈

NIH强制性开放获取政策实施的近4年中，除了政府、NIH、出版商

---

① NIH.，"Enhanced Public Access to NIH Research Information"，http：//grants. nih. gov/grants/guide/notice – files/not – od – 04 – 064. html，2014 – 01 – 16.

② "Department of Health and Human Services——National Institutes of Health Report on the NIH Public Access Policy"，http：//publicaccess. nih. gov/Final_ Report_ 20060201. pdf，2012 – 04 – 05.

③ PubMed Central.，"PMC Hits Two Million Mark"，http：//www. ncbi. nlm. nih. gov/pmc/about/new_ in_ pmc. html#day12，2013 – 06 – 16.

之外，科学家、学会等科学组织，甚至社会公众都在其中发挥了重要作用，多元行动者的集体博弈是该实施过程中的重要特征。多元行动者交互作用的分析方法是科学技术与社会（Science Technology and Society，STS）研究中非常重要的方法，该方法主张围绕同一目标的实现过程中，不同行动者会表现出不同的价值判断与利益趋向，这也决定了它们之间复杂的利益博弈、斗争和协调关系，该理论已在科学技术的政策学、社会学和管理学等领域的研究中获得了广泛应用。

第一，科学共同体由于其独特的精神气质和科研活动需求，总体来说支持开放获取政策，同时也是不断探索开放获取具体实现路径的重要力量。实际上，科学家非营利的知识传播动机和使用需求是开放获取得以实现的基本前提。“科学交流的模式必须适应科学本身发展的要求，源于学术界内部的动力促使科学家和学术机构最先对这一形式做出响应”①。继2004年8月25名诺贝尔奖获得者联合署名致信美国国会，表达了支持学术论文开放获取的强烈愿望之后，2009年11月，41位诺贝尔奖获得者再次致信美国国会，公开支持研究成果的公共获取法案。但是，科学共同体内部对于学术资源分布不均衡问题的关注程度存在很大差别，在我国，“管理层和学术研究人员对开放获取的了解程度仍然较低”②。同时鉴于前沿科学信息对于科研活动的重要意义，科学家大都严重依赖专业领域中具有较高显示度的少数期刊，这也决定了他们在该运动中很容易向出版商妥协。

第二，随着社会公众对于知识需求的增长和公众参与科学意识的提高，公众已成为开放获取政策的重要参与者。实际上，“20世纪70年代以来，至少在西方世界，不仅精英们而且大众都成为知识接受者。随着知识的民主化和高等教育向所有阶级开放，掌握知识不再是精英的特权”③。参众两院在就NIH提请的开放获取政策进行激烈争论之前即不断地通过媒体、邮件等方式向社会公众广泛宣传开放获取政策。美国纳税者获取联盟发言人约瑟夫（Heather Joseph）曾经指出，“病人、图书馆、研究人员、

① 钟灿涛：《科学交流体系重组的动力因素分析》，《科学学研究》2011年第9期。

② Zhong C. , *Development of Institutional Repositories in Chinese Universities and the Open Access Movement in China*, Susanna Mornati and Turid Hedlund Milano, ELPUB2009, *Rethinking Electronic Publishing: Innovation in Communication Paradigms and Technologies – Proceedings of the 13th International Conference on Electronic Publishing*, Italy, 2009: 527 – 534.

③ ［英］杰勒德·德兰迪：《知识社会中的大学》，黄建如译，北京大学出版社2010年版，第127页。

出版商、学生和纳税人的通力合作，使得相关研究成果可以免费访问、使用——而这在以前是不可想象的。这一政策的成功实行将会使研究成果惠及全体公众。”NIH 2006 年递交给美国国会的公共获取政策执行报告也指出：随着 PMC 存储文章数量的增长，公众对该数据库的利用也在稳步增长。

第三，科研机构迫于数字资源订购费用所带来的巨大经济压力，是开放获取政策重要的推动者。虽然高校与科研院所很难形成与出版商直接对抗的统一力量，但它们往往从学理上不断为开放获取政策进行着合理性论证。法国金融分析家卡萨博（Sami Kassab）曾估计，采用开放获取模式将为全球的科学家节省 40% 以上的经费。另外科研机构的集体呼吁也成为推动新政策实施的重要力量，ACRL（美国大学与研究图书馆）在 NIH 政策公布之初就曾明确响应 NIH 的开放获取政策；2010 年 5 月，哈佛大学等 27 所研究型大学的教务长也曾集体呼吁国会支持开放获取法案。

第四，科研资助机构作为国家和社会利益的代理方，是开放获取政策的直接实施者。作为美国政府重要的科研部门，NIH 具有强烈的实现政府和社会利益的责任需求。开放获取政策的实质是实现科学知识产权从出版商向科学共同体的回归，但长期以来形成的版权格局导致这一目标很难在短时间内实现，所以只能寻求一种新的版权政策以谋求学术交流体系中各利益方关系的暂时平衡。但需注意的是，“开放获取”的科学信息必须是科学家“自愿”共享的，它并不反对版权、专利等知识产权行为对于科研成果的合法保护。

第五，商业出版集团作为经济利益的直接受损方，是开放获取政策最为激烈的反对者。“出版商与开放存取运动有着直接利益冲突，构成了美国开放存取政策博弈中的主要矛盾”①，美国人类学协会执行主任威廉·戴维斯曾指出，在社会科学领域中，强制性开放政策“将导致期刊的死亡……”② 出版商主要就版权保护问题与政府展开谈判，认为开放获取政策与现行的版权政策冲突，并指出知识的开放共享可能危及同行评议机制。比如出版商曾多次游说参议院通过立法否定开放获取政策，指出政府的干预违反了市场竞争原则，这也曾一度导致参议院反对此提案，并于 2006 年延迟了拨款法案。此外，出版商还积极参与开放获取标准和协议

---

① 张宏胜：《美国开放存取运动中的政策博弈》，《图书情报工作》2011 年第 21 期。

② “Open Access Now，Leading Open Access Myths”，http：//www. biomedcentral. com/openaccess/inquiry/myths/，2012 - 05 - 11.

的制定，试图通过限制开放获取政策的实施范围和力度保护出版商利益。比如 ACS（美国化学学会）就曾说服 NIH 关闭开放获取知识库 PubChem，但是这一要求遭到了国会的否决，并且决定继续资助 PubChem，这也导致了 ACS 与 NIH 各自建设的数据库长期共存的局面。

另外，协会、学会、社团等跨边界组织也成为 NIH 强制性开放获取政策实施中的重要行动者。作为活跃在科学与政府交界面上的行动者，它们往往实现了多重身份的建构，在政策执行过程中表现出了复杂的利益诉求。总体来看，边界组织与美国政府以及 NIH 的利益有着很强的关联性，但是它们往往也综合考虑科学交流成本、市场规律等问题，甚至指出应该保障出版商合理的利益要求，并在此基础上试图协调各方利益关系。美国民间自由联盟、纳税者获取联盟、学术出版与学术自由联盟等组织等都曾参与过新政策的制定，比如纳税人获取联盟就曾负责执行和监督 NIH 的开放获取政策，并在其中发挥了重要作用。

三　利益博弈过程中的关键问题及遗留问题

总的来说，多元行动者间的博弈主要是围绕着以下三个关键问题展开的。

第一，是否应该废止出版商垄断科学知识的特权地位。从知识传播的角度看，正是商业力量介入科学交流活动，并且建构了知识的“商品化”形象，才导致数字学术资源日益被出版商垄断。从科学知识生产的角度看，出版商在该过程中没有任何的智力与物质投入，更没有承担科学研究的不确定性和风险，所以没有理由攫取巨额利润；但是商业出版集团则强调，著名期刊的高知名度和显示度的背后往往伴随着艰难的成长过程，所以该问题本质上是对出版商合理利益的重新考量。是否应该废止出版商对于知识的垄断地位，就成为这场博弈中最为重要的问题。2006 年 6 月，在众议院拨款委员会通过 NIH 开放获取授权时，即曾遭到过参议院的强烈反对。从 2007 年 7 月众议院第二次通过 NIH 强制性开放获取政策，到 12 月 26 日布什总统签署该预算案，期间经历了参议院乃至国会对于出版商态度的不断转变。不过 NIH 的最终政策文件还是充分肯定了出版商的重要作用。新政策赋予接受 NIH 资助的科研论文提交给 PMC 之前长达一年的时滞期，并且允许论文可以多种形式存入 PMC，这实际上为出版商调整经营策略留出了缓冲时间。新政策还规定，科学知识的免费获取不能与现行的版权法冲突，同时向 PMC 提交的论文须经过同行评议。

第二，是否应该实施强制性的开放获取政策，并赋之以法律保障和制度支持。NIH强制性开放获取政策实施的过程中，其措辞经历了从“要求”到“请求并强制鼓励”再到“强制性要求”的变化。2005年2月，NIH就曾非强制性地（强烈鼓励）规定论文发表后12个月内提交给PMC，但在随后的一段时间中，只有很少一部分作者（约10%左右）遵守了该规定①，强制性力量的缺失是政策遭遇阻滞的根本原因。2007年12月的强制性政策与2005年2月的建议性政策相比，政策要求和执行力度都发生了质（非强制到强制）的变化。事实表明，在经济利益面前，请求、鼓励、劝告等建议性要求都是苍白的。另外，政策博弈过程中出版商的态度也经历了从对抗到合作的转变。实际上，适度地为出版商保留一定的利益空间，可以减少来自出版集团的压力。而NIH也一直试图处理好与出版商的关系，比如积极向美国医学出版商协会等出版集团介绍这一政策，甚至建立了定期与出版商就政策执行过程中的具体问题（比如文章递交程序）进行协商和沟通的机制，“NIH实际上已经与出版商开展了多种关于公共获取的合作”②。

第三，是否应该延长科学论文开放获取的时滞期。与其他公共物品不同，科学知识有着非排他性和时效性特征。知识经济时代，前沿科学数据和信息的价值是与获取时间紧密关联在一起的。政策博弈过程中关于提交论文的时滞期问题出现了两个重要变化，一是时间界限从模糊变为明确，二是时滞期长度的调整。在强制性政策的实施几成定局的情况下，出版商不得不退而转向延长时滞期的策略，论文从公开发表到实施开放获取的时间越长，出版商的利益损失就越小。2004年7月，美国众议院通过的开放获取草案中规定的时滞期为6个月，而2005年2月NIH公布的开放获取政策中则将其延长为12个月。实际上，对于文献半衰期较长的专业期刊来讲，12个月的半衰期是远远满足不了科研人员需要的。尽管时滞期的延长会损害社会公众的利益，但同时也会部分缓和出版商对于开放获取的态度，可将其视为一种平衡策略。另外，强制性开放获取政策的实施不可避免地会面对资金支持、技术标准、版权政策等新问题，这些问题必须在新政策实施的实践中予以解决。总之，科学交流活动的复杂性决定了新政策的实施必须注意不断调整不同行动者间的利益分配关系，时滞期是其中

① “Policy on Enhancing Public Access to Archived Publications Resulting from NIH - Funded Research”, http: //grants. nih. gov/grants/guide/notice - files/not - od - 05 - 022. html, 2014 - 04 - 04.

② 沈东婧、王斌、江晓波：《美国国立卫生研究院（NIH）公共获取案例解析及启示》，《情报工作理论与实践》2009年增刊。

一个非常重要的问题。

尽管 NIH 强制性开放获取已经以政策规定的形式得以确认，但迄今为止仍留有很多悬而未决的问题，建立多元行动者间的利益平衡关系任重而道远。

第一，强制性开放获取政策与现行版权法间的冲突问题。向 PMC 提交论文主要通过两种方式进行，一种是作者支付一定的开放获取费用，也就是所谓的选择性开放获取方案；还有一种是期刊与 PMC 签订相关协议，这部分论文发表后会自动上传。尽管新政策规定不能与现行版权法冲突，但实际运作中，很多科研论文在发表之初便被迫转让了版权；同时科学知识开放获取后，如何合理保护科研成果的知识产权，有效阻止知识的商业应用等侵权行为，保证科学家和科研机构的正当权益获得，已成为构建新的版权政策中的关键问题。另外，现行的科研评价机制往往要求科学家在显示度较高的杂志上发表文章，所以短期内也很难改变科学共同体所谓的“期刊依赖”现象，所以版权问题仍是强制性开放获取政策遭遇阻滞的重要原因。坚持利益平衡的理念，构建新的版权政策，调整传统版权模式中的利益对比关系，是实现科研成果自由交流的必然路径。

第二，如何分担强制性开放获取产生的费用问题。新政策的实施必然会打破原有科学交流体系的平衡，知识由付费到免费的获取方式的变化必然会带来新的费用承担问题。科研成果的免费开放必然会影响到出版商正常功能的发挥，那么如何解决新政策产生的费用问题？政府是否应该为该部分费用埋单？毫无疑问，政府的介入是推动强制性开放获取政策最为直接的途径，也取得了立竿见影的效果。但是建立强有力的制度保障的前提是平衡好不同利益方，甚至不同国家之间的经济利益关系。科学知识“公共物品”的属性决定了判断科学交流活动中经费投入问题的复杂性。2010 年 7 月 29 日，美国国会曾举行过一次专门听证会，重点讨论是否将 NIH 强制性开放获取的经验推广到其他联邦科研资助机构，会上产生了 5037 号和 801 号两份解决冲突的议案。某出版商代表明确指出，如果美国的科研成果实施开放获取，并且由政府承担所产生的相关费用，而其他国家（比如中国）不实行开放获取政策的话，那么美国的利益显然就会受损。

四　NIH 强制性开放获取政策的实质及启示

NIH 强制性开放获取政策包含两个重要的理解维度，一是解构了出版商垄断科学知识产品的特权地位，二是调整了多元行动者间的利益分配关系。以上两个变化带来了科学交流活动中社会共同体新的责任考量和利益实现以及政府所设定的新的权力分配关系。所以，建立政治与科学之间互惠关系的过程，也可以看作如何保证科学知识产品成为全社会共同福利的问题。库奇马认为，“强制性的开放政策的实现有利于提高科研效率、加速创新、刺激经济发展”①，同时指出，这种关系的推进依赖于各利益方建立新的联盟关系。通过立法保障科学信息的免费获取不仅是平衡科学界、出版商、科研资助机构以及社会公众责权利关系的有效途径，也是政府作为科学交流领域中一个主要行动者的重要功能发挥。

NIH 强制性开放获取是政府介入科学交流领域、构建免费共享的在线科学信息数据库的典型案例。该政策的实施过程包含了科研机构、图书馆、科学家、科研资助机构、出版商、公众等不同行动者间的复杂斗争，每一次政策的推进和调整都是寻求多元行动者利益关系新的平衡的过程。该政策的实施对于我国构建在线共享的知识平台、提高知识创新能力带来了以下几点启示。第一，建立完善的制度保障和法律支撑体系。强有力的政策支持是提高全社会公共知识获取能力的重要保证，也是提高我国科技创新能力的必经之路。该工作已成为我国相关政府主管部门开展解决的工作，同时应该注意新政策的实施一定要协调好与《著作权法》《保密法》等其他相关法律的关系。第二，区分不同行动者的责权关系。建立我国国家层面的开放获取数据库同样离不开相关行动者的集体努力，应该注意对不同行动者采取不同的激励措施，比如调整我国科研机构的现有考评机制、为科研人员提供相应的出版费用等。第三，注意平衡好各方的利益关系。提高我国公共知识的共享能力，是推动我国信息化发展、建设国家创新系统的重要内容，在这个过程中一定要注意把握好不同利益相关者间的利益分配关系。

国外的政府推动的强制性开放获取政策对我国也产生了深远的影响。近些年来，我国政府和研究机构也正积极参与到开放获取运动之中。2005 年 6 月 22—24 日，由中国科学院和 IAP 主办的“科学信息开放获取政策与战略国际研讨会”在中国科学院文献情报中心（北京）召开，会上中国科协副主席胡启恒院士明确指出，促进科技信息开放获取是社会各界的共同责任。而由中国科学院承办的第 8 届开放获取柏林国际会议也已于 2010 年 10 月 25—27 日在北京举办，表明了我国对于开放获取的积极态度。如今，我国教育部的中国科技论文在线、中信所的中国预印本服务系

① Kuchma I.，“Open Access，Equity，and Strong Economy in Developing and Transition Countries：Policy Perspective”，*Seiral Reviews*，2008，34（1）：13－20.

统等开放网站的影响力正不断扩大。但不可否认的是，受文化传统、评价体制等因素的限制，我国科学家仍然偏爱在 SCI、EI 等期刊上发表文章，对于开放学术资源的兴趣不大。从笔者的访谈结果来看，除了医学、生物学等领域的几位教师之外，包括电子、机械、自动化等大部分领域的教师对于开放资源仍比较陌生，甚至存在一定的误解。

第八章　科学知识“公有性”规范的当代意涵

“公有性”规范是科学最显著的特征之一，而网络环境下知识的“开放性”要求却在实现路径、约束对象、制度保证、价值判断等方面与之具有较大的差别。那么，我们应如何理性地看待科学信息的“开放性”要求？“开放获取”能否成为学术交流的新趋势？

第一节　重回默顿的公有性规范：作为“公共产品”的科学知识

科学社会学的创始人默顿认为，科学共同体一定要以某种方式与它周围的社会结构相关联，并在《论科学与民主》一文中提出了科学的四个制度性规范，即普遍主义、公有性、无私利性和有条理的怀疑主义。默顿指出：“科学上的重大发现都是社会协作的产物，因此它们属于社会所有。它们构成了公共的遗产，发现者个人对这类遗产的权利是极其有限的。”[①] 科学知识大厦是全人类智慧的结晶，我们在享有他人知识成果的同时也需要有无偿奉献知识的精神。科学知识有别于其他财产，首先，“拓展知识的疆域这一制度目标以及当然有时是依发表成果而定的承认给人们的激励，增加了传播研究成果的压力”[②]；其次，科学知识只有进入科学共同体的公共视域才能获得同行的承认与认可，“在科学中，承认是财产的功能等价物，要求得到‘承认’确实是科学家的不可剥夺的权利”[③]。实际上，默顿已将“公有性”规范内化为科学家的精神气质，任何个人或是组

---

① Merton R. K. , *The Sociology of Science*, University of Chicago Press, 1973：273.

② ［美］默顿：《科学社会学——理论与经验研究》，鲁旭东、林聚仁译，商务印书馆2004年版，第371页。

③ Cole R. , Cole S. , *Social Stratification in Science*, University of Chicago Press, 1973：45.

织为知识的共享设置障碍都背离了这一原则。

从历史上看，默顿提出公有性规范有其重要的现实特征。第一，政府是科学研究的主要投资者，其他组织对于科学（特别是基础性研究）的投资兴趣不大，科学家所生产的科学知识是“公共知识”，是全社会的公有财富。第二，科学知识带来的巨大商业利润还没有完全显现。运用科学知识促进技术创新和产品更新完全是企业的事情，知识生产和应用的线性模式周期过长，甚至常常脱节。第三，对于科学优先权的渴望促使科学家迫不及待地发表自己的研究成果，“这一奖励优先权的体系导致科学家积极地向公共知识领域提供信息，表现为出版物的增长速度和数量，以及科学家，尤其是前沿领域的科学家越来越长的工作时间”①。

知识必须进入交流领域才能彰显其价值功能，哈格斯特龙和斯托勒分别从公有性规范出发构建了“礼品交换理论”和“商品交换论”来阐释此过程。哈格斯特龙认为：“获得承认的愿望促使科学家通过向科学共同体奉献其成果而遵循科学规范。”② 斯托勒则认为科学是一个特殊的交换系统，“第一（公有性）原则鼓励人们积极参与某一社会系统的交换活动，寻求在该系统中交换的商品。而公有性规范则通过要求科学家在同事面前展现他的工作成果，来服务这个功能”③。可见，这两位学者都从实践层面揭示了知识“公有”的实现过程。欧阳锋通过对两者的比较认为，“科学的规范引导科学家的行为，使他们有效地参与科学系统的‘专属商品’的交换，从而使交换系统有序地循环”④。

公有性规范是科学交流的重要认识论基础。一方面，“科学是公共领域的一部分这种制度性概念，是与科学发现应该交流这一规则联系在一起的。保守秘密是这一规范的对立面；充分和公开的交流是它的规定”⑤。如果说这个意义还是强调知识的价值取向和科学家的价值认可的话，那么，知识是人类集体协作的结晶这一事实则意味着个人没有理由占有人类的公共遗产。另一方面，公有性原则也是政府资助科学研究的必然结果。政府资助科学研究，科学共同体则有义务集体让渡其所生产的科学知识产

---

① 洪伟：《公有主义和保密行为——科学研究的学术模型和市场模型述评》，《科学学研究》2010 年第 3 期。

② Hagstrom W. O. , *The Scientific Community*, New York Basic Books, 1965: 16.

③ Storer N. W. , “The Social System of Science”, Holt, Rinehart, and Winson, 1996: 86.

④ 欧阳锋、徐梦秋：《科学规范与科学中的交换——默顿学派对科学规范论的丰富与发展》，《科学技术与辩证法》2007 年第 1 期。

⑤ ［美］默顿：《科学社会学——理论与经验研究》，鲁旭东、林聚仁译，商务印书馆 2004 年版，第 370—371 页。

品，"科学家则承诺为社会提供能够转化为新产品、新医药或新武器的源源不断的科学发现之流"[①]。这些公有知识进入交流领域后，应由全社会共享和使用。巴伯通过对美国化学家的收入、诺贝尔奖委员会等的分析表明，科学家在将知识公开化的过程中，可以获得社会声望、荣誉、金钱以及工作的满足感[②]。克兰也认为，科学知识的增长取决于科学家思想的扩散以及科学共同体的互动，而知识的无阻碍的交流和扩散则依赖于知识的公有性规范，公有知识的交流过程甚至塑造了一个时期的研究范式，"这意味着，对于一个领域的一个范式的意见取得一致，是在科学家的一个小群体中出现的，然后他们把它传播给其他许多人"[③]。

默顿的《科学规范的结构》发表于 1942 年，当时还没有出现网络载体，更没有在线数据库这样的科学信息的集成平台，科学交流的主要形式是纸质期刊、书籍以及科学家之间的书信往来。在历史语境中重新考量默顿的公有性规范可以得出以下结论：第一，默顿持有强烈的实证主义科学观，认为科学是一个不断被证实的知识体系。科学知识只有获得同行认可之后才能拥有"真理"的身份，科学家才会获取相应的承认，而科学界的"承认"也可以帮助科学家获得高薪职位并占有大量科技资源。第二，知识的增长是在历史的展开中完成的，是人类集体智慧的结晶。科学家的现有工作都是为已有的科学知识大厦增砖添瓦，对于前人工作的不断推进是科学知识生产活动的重要特征，同时熟悉并掌握前沿的研究成果则是科学知识生产活动的基本保证。第三，政府和社会是科学知识生产活动的主要投资者，这就要求科学知识产品应由全社会共享。从这个角度出发，公众不但有权了解科学家的科研活动，并就科研伦理和科技风险等问题进行监督，而且应该享有科学家所生产的知识内容。

从委托代理关系来解释科学与政府之间的关系可以得出很好的启示。传统的契约论认为，科学家应该向资助方负责，同时应该对公众的需求做出及时的回应，强调一种"资源关系的合法化诉求"[④]，政府资助科学研

---

① Guston D. H. , Keniston K. , *Introduction: The Social Contract for Science//Guston D. H. and Keniston K. Eds. The Fragile Contract: University Science and the Federal Government*, MIT Press, 1994: 1 -41.

② ［美］伯纳德·巴伯：《科学与社会秩序》，顾昕等译，生活·读书·新知三联书店 1991 年版，第 122—123 页。

③ ［美］黛安娜·克兰：《无形学院——知识在科学共同体的扩散》，刘珺珺等译，华夏出版社 1988 年版，第 61 页。

④ Chubin D. E. , Hackett E. J. , *Peerless Science: Peer Review and U. S. Science Policy*, State University of New York Press, 1990.

究的原则是“如何运用政府的资金支持研究但同时又确保科学制度的活力、创意与独立性”①。政府是科学知识生产的主要资助者，所以保证知识的“公有”就成为履行政府与科学间委托代理关系的前提和结果。这种契约关系表明，政府需要为科学家提供研究经费，而科学家则需要不断地向全社会回馈科学知识产品。从政策学视角来看，从万尼瓦尔·布什的奠基性著作《科学——没有止境的前沿》开始，科学就已经成为“国家的兴旺、繁荣和安全保障”的重要保证，同时公众在对于科学与社会进步之间的密切关系甚至可能带来的社会风险问题上，已经不再满足于作为“局外人”的角色，即公众“有权知道利用社会资源进行的科学研究会给他们提供什么，为什么花钱资助这些科学研究”,② 并对其进行理性的分析和判断。

但是，在科学知识内容向社会和公众的传播过程中，商业垄断的形成和制度性规范的缺失导致该传播链条中出现了巨大的断层，商业利益导向驱使出版商不断提高科学知识产品的购买价格，构成了对科学知识的“截流”，不仅普通公众，甚至研究经费短缺的科研机构和科学家都被屏蔽在了知识的正常获得范畴之外。

通过进一步研究我们发现，科学知识生产和传播的过程中存在两个悖论。第一，公众、政府与科学家之间的二阶委托代理关系遭到破坏。作为公众代理人的政府在选择科研人员和科研方向的时候需要向公众负责，并需要及时向公众回馈科学知识成果。同时政府在与科学家的关系中扮演着委托人的角色，对于科学研究源源不断地投资内在地要求政府制定相关政策以对科学研究进行正确的引导和规划，同时要求科学家将政府投资所得的研究成果适当地回馈社会。李正风认为这是一种“介入”关系，并且“在科学作为重要社会资源的地位逐渐得以巩固之后，政治向科学的介入具有了相当的广泛性”③。但是商业垄断却切断了这一链条，将知识包装成商品，并视之为获利的手段。第二，科学共同体有偿发表和使用论文的矛盾。如果把科学共同体看成一个整体的话，那么从微观上看，科学家发表论文和获取论文都需要交纳一定的费用。一方面，出版商利用科学家强烈的知识发表需求，不但要求科学家在发表文章的过程中缴纳一定数额的评审费、版面费等费用，还强制性地要求作者签订版权转让协议。另一方

---

① Braun D.，“Lasting Tensions in Research Policy - making a Delegation Problem”，*Science and Public Policy*，2003（5）：309 - 321.

② 翟杰全：《让科技跨越时空：科技传播与科技传播学》，北京理工大学出版社 2002 年版，第 172 页。

③ 李正风：《科学与政治的结合：必然性与复杂性》，《科学学研究》2000 年第 2 期。

面，科学家还需要经常性地获得相关领域的知识内容，一般来说，这些内容或者通过网络知识资源库在线获得，或者通过作者自行付费的方式获得。这种状况带来了科学知识生产活动中的第二个悖论，即出版商利用其垄断地位在科学家发表和获得学术论文的过程中收取了双重费用。

图 8－1 是科学知识的循环流程图，图中上面支路是通过出版商进行的正式交流，下面支路是科学家私人网络间进行的非正式交流，从图中可以清晰地看出，出版商可能会对知识流动产生“截流”作用，因为该环节是连接科学家与图书馆和情报中心之间的必经通道，它具有两个重要特征：第一，长期以来建构起来的学术权威身份。学术交流中的“话语权”是标志在线知识资源重要性的首要社会特征，也是出版商借以获取垄断利润的根本。第二，对于科学交流活动的巨大控制力和覆盖力。相较于非正式交流的局限性来说，网络知识资源的广泛可获得性保证了它对于全球科学共同体产生的巨大影响。

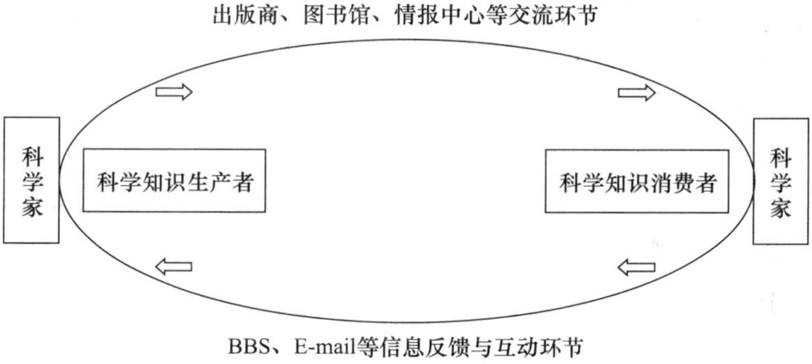

图 8－1　科学交流中的知识循环过程

以上两个悖论揭示了科学知识商业垄断行为的不合理性，同时也暗含了网络环境下科学知识的“开放”要求，进一步表明了科学知识的开放获取不仅必要而且可能。

第二节　网络环境下的“开放性”要求与“公有性”规范的比较维度

默顿的“公有性”规范反对个人对于知识的隐藏行为，尽管这种规定与当代的知识产权以及专利制度相冲突，体现了默顿规范的理想主义色彩，但它却为科学知识的开放获取提供了重要的思想渊源。齐曼对于后学院科学的研究表明，网络技术有助于“公有性”规范的实现，“网络化有助于公有主义。‘ICT’——新的信息和交流技术——刺激了学院科学的传统实践，并使之更为畅通”①。

网络为知识共享提供了可能性，卡斯特尔认为，建立在信息传播基础上的网络是极具“开放性”的，“网络的结构是开放式的，可以无限制地扩张，只要节点能够在网络中通讯便可以整合新的节点，即只需节点具有共同体的通讯代码。基于网络的社会，其结构具有高度活力，是一个开放的系统，能很容易地在不危害其平衡的条件下进行革新”②。

通过第四章的分析可以看出，虽然科学知识的保密行为与商业垄断都是市场化的产物，但它们有着质的区别。比较科学知识的传统“公有性”规范和网络环境下的“开放性”要求可以看出，“公有性”是科学的精神特质，其对立面是知识的保密行为；而科学知识的“开放性”要求则是对科学知识商业垄断的集中批判，也是对科学知识产品权利归属的重新考量。“公有性”规范与“开放性”要求都是市场模型的对立面，它们的衍生关系如图 8－2 所示。

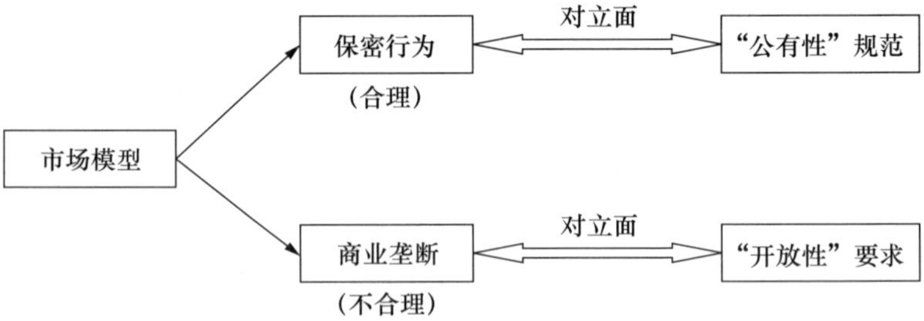

图 8－2　科学知识的保密与垄断比较

网络技术既可以成为获取垄断利润的工具，同时又为科学知识的“开放”提供了技术支持。自由科学运动之后出现了各种各样的开放策略，但它们与知识的“公有性”规范还是存在很大区别的。厘清网络环境下科学知识的“开放性”要求，对于理解开放获取运动、判断未来的学术交流模

① ［英］齐曼：《真科学》，曾国屏等译，上海科技教育出版社 2002 年版，第 138 页。

② Castells M., *The Rise of the Network Society*, Blackwell, 1996: 470.

式具有非常重要的意义。

知识的开放性要求是对知识的"公有性"规范认识上的回归，但是又不同于"公有性"规范。知识经济时代，背离知识"公有性"规范的合理的知识保密行为获得了一定程度上的合法性，而开放获取则是对科学知识商业垄断的无限反叛。总体来看，知识的"公有性"规范和"开放性"要求既有联系又有区别。从认识论基础来看，两者具有很大的相似性，比如它们都是市场模型的衍生物，都将科学知识产品看作"公共产品"，但两者也存在着重要的区别，主要体现在以下几个方面。

第一，从价值判断上看，科学知识的"公有性"规范是一种理想性要求，是科学的一个重要精神特质。其对立面是知识的保密行为，它是对科学知识生产的资助者与科学家的智力投入的双重认可，并且是保证科学发现的优先权和鼓励竞争的一种手段。而知识的"开放性"要求则是一种操作性要求，具有明显的现实关怀，它试图依托网络通信技术实现某种程度上的知识共享，从而打破商业力量的介入带来的"数字鸿沟"。

第二，从实现路径上看，知识的"公有性"规范依赖科学家的自觉行为，共享知识是科学家立即发表其学术成果的重要激励，而获得同行的认可、争取学术资源则是促进知识共享的重要制度保证。而"开放性"要求一方面需要科学家的自主自觉，比如鼓励科学家在开放资源中公开自己的学术成果；另一方面也依赖相关行动者的集体努力，具体来说包括图书馆、政府、科学组织的推动以及公众的共同参与。尤其值得注意的是，近些年很多出版商也被迫公开了某些过刊以及部分现刊。

第三，从制度保证上看，知识的"公有性"规范含有明显的理想主义色彩。公开发表的学术成果决定了科学家被"认可"的程度，甚至决定了他们在科学王国中的资源占有情况。而"开放性"要求则不同，在采取呼吁、倡导、鼓励等诱致性措施的基础上，通过立法的形式提供制度保障是开放获取更为有力的实现路径，目前已有很多国家实施了部分科学信息的强制性开放获取政策。

第四，从约束对象上看，知识的"公有性"规范主要针对的是知识的生产者即科学家，它关注的是科学共同体的知识发表和获取行为。而知识"开放性"要求的约束对象则远远超出了这一范畴，它约束的是包括出版商在内的所有行动者。

总体来看，知识的"公有性"规范是"开放性"要求的重要认识论基础，但两者又存在很大差别（如表 8－1 所示）。

表 8－1　　科学知识“公有性”规范与“开放性”要求的比较

	价值判断	实现路径	制度保证	约束对象	对立面的表现形式
科学知识的“公有性”规范	理想层面，科学重要的精神气质之一	科学家的自觉行为	科学界的承认以及由此导致的学术资源的占有情况	科学知识生产者的知识发表、获取等行为	知识的保密行为
科学知识的“开放性”要求	现实层面，利用新技术实现自由的学术交流	科学家以及所有与知识交流相关的行动者的集体努力	全社会的呼吁、支持以及合理的组织设计和制度保证，比如建立法律保障机制	所有采用强制转让版权等手段妨碍知识交流和传播的行为	知识的垄断经营行为

但是必须注意的是，推动学术资源的“开放”，并不是完全忽视甚至否定出版商在科学交流中的作用。实际上，早在 1978 年美国情报学家兰开斯特就曾创造性地提出过“无纸社会”的概念和科学交流中的信息链模型，较早地明确了科学交流中不同参与者的功能角色定位。他认为，在科学知识内容从科学家到出版商再到信息中心的循环过程中，出版商是科学知识生产者到信息中心（图书馆、情报机构）之间的桥梁，主要完成科学知识的出版发行工作。长期以来，网络出版商不仅在提高信息交流和检索的效率，而且在明确科学发现的优先权、打造学术界权威等方面的确发挥了重要作用，这对于科学家来说是非常重要的，因为“从一开始，科学家们就是以权威为基础来建立他们在社会中的地位”①。所以，我们既要看到出版商在推动科学交流中所发挥的重要作用，又要看到科学交流中的商业垄断对于科学交流乃至科学知识生产活动所造成的严重危害。

第三节　开放获取：未来学术交流的必然趋势？

当代科学知识产品的高度垄断已经严重影响了公众的公共知识获取能力，必须重新构建科学、政府与社会之间的边界关系。作为非消耗性的产品，科学知识的价值实现内在地要求它在全社会范围中的合理配置，而知识经济时代的科技创新活动更是要求公共知识在全社会范围内的快速扩

① ［英］巴恩斯：《局外人看科学》，鲁旭东译，东方出版社 2001 年版，第 122 页。

散。同时，公众也早已表达出希望政府为国民提供更多的科学知识产品的态度，“联邦政府是唯一有远见和有能力为基础研究和公共品的供应提供保护和保障的实体”①。从委托代理关系的角度看，研究人员的委托人身份和联邦政府的代理人身份共同暗示了这种双边垄断可能导致的知识获取障碍状况。委托代理理论强调科学家受政府的雇佣来生产社会所需要的新知识，同时国家利益的实现已经嵌入科学知识生产的内在目标，而医疗、公共卫生等研究领域是公众最为关注的内容，所以 NIH 成为强制性开放获取政策的第一个实施机构也就不难理解了。

知识经济时代，随着科学与社会之间的关系日益紧密和复杂，公众对于科学知识的需求亦呈现出多元化的趋势，科学的社会契约理论也被赋予了新的内涵，其中公众利益的获得已成为衡量科学知识产品价值实现的重要维度。担任 NIH 主任的詹姆斯·温加登曾指出，“人们对科学的支持有着坚定的信念——科学迟早会对社会有用”②。这一判断的做出也是在经历了从万尼瓦尔·布什的线性模式到罗森伯格、斯托克斯等提出的非线性模式之后，人们已经逐步认识到当代科学知识的“多元化”特征，满足公众需求已经成为科学知识生产的重要功能实现。实际上，从委托代理理论来看，科学共同体与社会公众在科学知识的生产和获得过程中长期存在着信息不对称的情况，美国经济学家肯尼斯·阿罗（Arrow）认为，克服外行委托人和专家代理人之间信息不对称问题的成本是很高的，他还指出，知识传递过程中合理的利益分配情况是，“已获得的信息除去传递信息的成本，应该免费地为公众获得”③。

科学的社会契约实际上已经包含了科学共同体的学术自主性以及科学家从政府和社会获取资助的双重关系，而科研成果向全社会的义务性回馈也已成为科学家从政府获取资助的重要功能表达。NIH 所承担的知识共享义务实际上也是科学共同体和自由联邦政府（包括国会）所代表的美国人民之间的一种社会契约，其实质是在向全社会回馈知识内容的同时，保持受联邦财政资助的科学家所拥有的学术自主性和内部自我管理。从该视角看，社会公众应该是科学知识产品的最终受益者，政府有权利也有责任作为一种强制性力量保证该责权利链条的合理的利益分配关系。所以，科学

---

① ［美］大卫·古斯顿：《在政治与科学之间——确保科学研究的诚信与产出率》，龚旭译，科学出版社 2011 年版，第 71 页。

② 同上书，第 54 页。

③ Arrow K.，*Wealth and Welfare*，Harvard University Press，1962：36.

社会契约的实现并不是一种隐喻式的表达，而是一种显性的义务承担。NIH 的强制性开放获取政策意味着知识权利从出版商向科学共同体的转移，不但为我们提供了政府介入解决公共知识资源分配问题的新方式，也为知识共享提供了新的组织保证和制度设计。

如今，科学知识的公开共享实际上已经成为全社会对于知识的共同监管和利用的重要途径。作为公共物品，科学知识的产权界定是一个长期存在争议的问题，反映了公众需求与知识获取机制之间的张力变迁。知识经济时代，知识的市场化运作、学术资本主义等提法似乎为知识的垄断经营提供了合法性解释，“学术资本主义最引人注目的一个方面是技术科学（Technoscience）现象。这种后工业科学完全是由市场驱动的，并且在后工业科学中知识和商业的区分消失了”①。但是作为社会公众的委托人，政府有权寻求生产科学知识产品的代理人，同时也有权利参与科学知识的相关收益的分配。科学政治学家查尔斯·林德布洛姆认为，科学的委托代理关系实际上是通过市场调节和某些集团的“商业特权地位”而产生的一种特殊的将知识产品建构为商品的代理关系。

“竞争”与“开放”是科学知识生产活动中两个不可或缺的维度，它们之间既相互冲突，又互相补充。知识合理的保密行为虽然有悖于“公有性”原则，但会在一定程度上刺激科学家之间的竞争，孵化更为卓越的科研成果。米歇尔·卡龙为科学发展勾画出的四种模型中的一种便是科学的竞争模型，“第二种模型把科学看作是一项竞争的事业，集中关注科学所具有的组织形式”（贾萨诺夫等，2004）。由此看来，科学不仅是竞争的目标，也是竞争的手段。

但是，学术信息的商业垄断却不属于科学交流中的正常竞争，合理的、有步骤的开放获取策略势在必行。尤其是那些政府投资的科学研究，更应该逐步向全社会“开放”。“开放”的目的既包括改变学术交流中的“数字鸿沟”，又希望提高科研经费和科研成果的利用率，并实现科学文献的永久性保存和利用。技术获得的低阈值催生了大量开放的学术资源数据库。尽管目前的知识获取环境只能实现部分的、有限的开放，但不得不承认的是，开放获取的学术资源正在学术交流中产生着越来越大的影响。然而，戴维斯通过研究发现，尽管同一期刊中的开放论文获得了比非开放论

① ［英］杰勒德·德兰迪：《知识社会中的大学》，黄建如译，北京大学出版社 2010 年版，第 148 页。

文更高的下载量，但并没有获得相应的更高的引用率①。所以，如何平衡知识的"公有"与"开放"要求，建立知识竞争与开放之间合理的共生关系，推动开放获取不断深入发展，是摆在政策研究者和制定者面前的一个重要课题。

从笔者的访谈来看，科学家是否向开放获取的期刊投稿，主要取决于该期刊的学术影响力和所属科研机构对该期刊的认可度。索林根曾指出过科学家的社会控制机制的三种表现形式，其中之一便是通过交换进行控制，即国家通过各种激励方式换取科学家的贡献②，该方式已成为科学家科研活动的重要风向标。长期以来，纸质期刊一直代表着某种学术权威，而电子版只是作为正常交流的一种附加形式，并没有获得相应的制度认可，"电子出版并没有任何的技术基础作为权威根基，所以，其合法性一定要通过纯粹的社会和制度方式予以建构"③。实际上，纸质期刊仍是进行职称评定与课题申请的主要参考，而对于传统期刊承认的惯性则是数字期刊声誉的重要来源，因而开放期刊学术声誉的塑造需要一个漫长的过程。

同时，对于强制性开放获取这种极具"扩张性"的交流方式也存在着不少质疑甚至批判。从笔者的访谈情况来看，对于开放期刊中科学知识质量的担忧是其中最为主要的一个方面，赫纳德曾指出："许多学者根据印象判断，网络上存在诸如剽窃、知识产权、学术信任、垃圾邮件以及网络安全等问题，所以他们不愿将严谨的思想、时间精力置于网络上。"④ 实际上，学术声誉的建构是影响交流媒介转换的重要因素，也是推动科学研究的重要动力，我们必须认识到"学术过程中形式和权威的融合"⑤。

除此之外，对于开放获取的质疑主要包括以下两个方面：一是有些科学家认为网络中的信息内容太具扩张性甚至"侵略性"，经常对自己的自

---

① Davis P. M.，"Author – choice Open Access Publishing in the Biological and Medical Literature: A Citation Analysis"，*Journal of the American Society for Information Science and Technology*，2008（1）：3 – 8.

② Solingen E.，"Between Markets and the State: Scientists in Compatative Perspective"，*Comparative Politics*，1993（1）：31 – 51.

③ Guedon J. – C.，*Why are Electronic Publications Difficult to Classify?*，The Orthogonality of Print and Digital Media，in Association of Research Libraries. Eds.，*Directory of Electronic Journals*，Newsletters and Academic Disccussion Lists，4th edition，1994.

④ Harnad S.，"Scholarly Skywriting and the Prepublication Continuum of Scientific Inquiry"，*Psychological Science*，1990（1）：342 – 343.

⑤ Tomlins C. L.，"The Wave of the Present: The Printed Scholarly Journal on the Edge of the Internet"，*Journal of Scholarly Publishing*，1998（29）：133 – 150.

由探索和理性思考形成干扰。各种开放信息的来源往往很杂乱，提出问题的视角迥异，很可能会影响到科学研究自由、自主的内在品质。科学研究仍需要自由思考的环境，科学家坚持不懈的探索不是网络中的开放交流所能代替的，开放信息只能是实验室研究活动的有效补给。二是从网络所提供的交流能力来看，具有明显的结构化特征的数字信息内容将使得交流环境越来越"透明"，知识获得了广泛的"可扩散性"和"可连接性"。如果把科学家视为科学网络中的不同节点的话，那么处于科学共同体分层中顶层的科学家影响甚至"控制"底层科学家的能力将变得越来越强，因为包括科学家所在单位、职称、学术声望在内的社会属性将在网络环境中获得更大的作用空间。

笔者认为，"开放获取"能否成为未来学术交流的主要方式仍是一个需要深入探讨的问题，不过未来的学术交流将逐渐建立知识的"竞争"与"开放"两个维度之间合理的共生关系。这个目标的实现有赖于所有行动者的群策群力，"如果出版商不愿意接受这种挑战的话，那么科学家将很快通过机构的、部门的、国家的甚至国际的方法找到其他的开放数据的方法"①。从当前情况来看，政府的制度和法律支持、科学家的责任意识、科研机构的评价体制都是影响未来开放获取的重要因素，它们之间的联盟关系反映出了在反抗商业数据库垄断学术信息的过程中，科学与政治之间边界关系的模糊。同时，推动全社会对于科学信息共享的重要性的认识，并为其提供相应的资金和技术支持，培育公众的知识获取意识，也是推动开放获取的重要举措。

必须看到，开放获取运动尚处于起步阶段，在我国更未引起足够重视。邵（2007）对中国、中国香港和中国台湾的调查研究表明，"大部分大陆的被访谈人认为仍存在资金、技术、人员和政策的问题，而香港和台湾地区的被访谈人则没有提及这些问题"②。从目前的情况看，"开放获取"的全部效应尚未完全显现，有学者认为，"评估开放获取的作用非常困难，确定其因果关系也非常困难"③。尽管"开放获取"能否代表学术交流的新趋势仍未可知，然而作为打破商业数据库对学术信息的垄断的一种可能的实现路径，开放获取的学术交流方式逐渐获得社会各界的广泛关

---

① Murray - Rust P.，"Open Data in Science"，*Serial Reviews*，2008（1）：52 - 64.

② Shao X.，Scherlen A.，"Perceptions of Open Access Publishing among Academic Journal Editors in China"，*Serial Reviews*，2007（33）：114 - 121.

③ Frandsen T. F.，"Scholarly Communication Changing：The Implications of Open Access"，Ph D. Royal School of Library and Information Science，Denmark，2009：5.

注与支持，知识共享的理念也日益深入人心。

目前，开放获取运动正在全球范围内轰轰烈烈地进行着，相关部门已经召开了很多次会议，发布了一系列重要文件，很多开放获取的期刊也逐渐获得了较高的显示度。对于我国所处的科学发展阶段来说，积极推动开放获取的发展，改变我国科学家对于国外商业数据库的“外刊依赖”现状，构建多元复合的科学交流体系，从而提高我国科学家的知识生产能力，将是一项机遇与挑战并存的事业。

第九章　结语

首先，本书从社会—技术互动的视角研究了网络技术环境与当代科学交流体系的相互建构问题，以知识资源的垄断与反垄断为研究主线探索了当代科学交流体系的演变。知识经济时代的学术资源分配关系正处于重新建立和不断调适的过程中，多元行动者在这一过程中表现出了不同的价值判断和利益趋向，共同推动着开放获取等知识共享机制的出现。

其次，本书从社会—技术互动的视角，以批判性态度构建了网络技术环境重构当代科学交流体系的分析框架，认为新技术的应用必然要改变网络中不同行动者之间的利益分配关系。当代科学交流体系的塑造是一个多元行动者交互作用的过程。科学家与新技术之间的互动共生关系，商业力量对于学术信息资源的控制甚至垄断，政府、科研机构以及公众在此过程中的互动纷争，都是新技术塑造当代科学交流体系的直接表现，反映了多元行动者之间的权力斗争与利益博弈实质。本书为该过程构建了合理的分析框架，以利益磋商和协调为线索深入探究了网络知识资源库等技术带来的当代科学交流体系的变革。

知识经济时代的知识产权和技术标准制度为科学知识的资本化提供了一定的合法性，但科学信息的商业垄断并不属于知识经济时代知识的合理保密行为，当代科学交流体系中的“数字鸿沟”现象是出版商追求巨额垄断利润的必然结果。科学界与工业界的联盟关系刺激了企业投资科学知识生产的热情，知识的“公有”模式和“市场”模式的边界逐渐模糊。但是科学知识的商业垄断不同于知识合理的“保密”行为。学术资源商业垄断的本质是出版商强制性地要求科学家转让科学论文的知识产权从而获得垄断利润。本书通过对两者的所处阶段、市场模型、科技竞争、保护对象等不同维度的比较分析认为，科学信息的商业垄断不属于知识经济时代合理的“保密”行为。

作为一个重要的学术视点，本书指出传统科学共同体的“公有性”规范与开放获取中的“开放性”要求存在着重要的差别。一般来说，“开放性”要求和“公有性”规范都将知识视为公共产品，反对知识的商业化运作。“开放性”要求是对知识“公有性”规范认识上的回归，但是又不完全等同于“公有性”规范。“公有性”是科学的精神特质，其对立面是知识的保密行为；而“开放性”的对立面则是知识的商业垄断，“开放”的本质是对科学知识产品权利归属的重新考量。尽管两者在目标设计等方面具有很大的相似性，都体现了共享科学知识产品的要求，但是却在价值判断、实现路径、制度保证、约束对象等方面表现出了很大的差异。

另外，本学术议题还包括一些书中已涉及但还未深入展开的问题，同时已有研究中也存在一定的不足，我们会在未来的研究中持续关注此类问题。

网络技术的应用引发的当代科学交流体系的变革是一个容纳了多学科视角的广阔领域，仍存在很多亟待开展的后续研究。本书所采取的 STS 的社会—技术互动视角只是多条研究进路中的一条，特别是在有限的时间中对于文献的选取和阅读，也基本是按照这一主线进行的取舍，难免存在关注点过于单一的嫌疑。笔者当在后续研究中继续丰富该视域的全貌，力图实现研究的丰富性与完整性。

在经验和案例研究中，由于笔者在访谈技巧、统计方法等研究方法上的局限，尽管掌握了大量的一手材料，但是对于这些材料整理利用的程度不高，也没有达到彻底挖掘被访谈人观点的高度，希望能够在后续工作中对这些材料进行更为深入的分析研究。鉴于书中所论及议题的复杂性和庞大性，本书未能给出关于开放获取的具体实现层面的建议。尽管这些问题属于图书馆情报学、信息管理科学等学科领域，不在本书的研究范围之内，但开放获取的实现策略问题具有重要的现实意义，尤其对于我们国家来说意义更为重大。笔者希望能在未来的工作中，继续针对这一问题进行深入研究，真正为我国的科学交流事业贡献一分力量。

参考文献

中文文献

埃格希等:《情报计量学引论》,科学技术文献出版社 1992 年版。

巴伯:《科学与社会秩序》,顾昕等译,生活·读书·新知三联书店 1991 年版。

巴恩斯等:《科学知识:一种社会学的分析》,邢冬梅等译,南京大学出版社 2004 年版。

巴恩斯:《局外人看科学》,鲁旭东译,东方出版社 2001 年版。

贝尔纳:《科学的社会功能》,陈体芳译,广西师范大学出版社 2003 年版。

贝尔纳:《历史上的科学》,伍况甫译,商务印书馆 1983 年版。

波兰尼:《科学、信仰与社会》,王靖华译,南京大学出版社 2004 年版。

波斯特:《信息方式——后结构主义与社会语境》,范静哗译,商务印书馆 2000 年版。

布什:《科学——没有止境的前沿》,范岱年等译,商务印书馆 2004 年版。

曾国屏、李正风:《赛博空间的哲学探索》,清华大学出版社 2002 年版。

曾国屏、李正风:《赛博论·赛博空间·社会和文化变革》,《哲学动态》1998 年第 5 期。

曾国屏:《虚拟现实——一项变革认识方法的技术》,《自然辩证法研究》1997 年第 7 期。

柴晓娟:《网络学术资源检索与利用》,南京大学出版社,2009 年版。

陈爱华:《出版速度与科技期刊质量》,《株洲工学院学报》2001 年第 4 期。

陈九龙:《科技创新活动中的信息化与数据挖掘》,《自然辩证法通讯》2009 年第 2 期。

成全:《网络环境下科学知识交流与共享模式研究》,《科学学研究》2010 年第 11 期。

初景利、李麟：《国内外开放获取的新进展》，《图书馆论坛》2009 年第 6 期。

丹皮尔：《科学史——及其与哲学和宗教的关系》，李珩译，广西师范大学出版社 2009 年版。

德兰迪：《知识社会中的大学》，黄建如译，北京大学出版社 2010 年版。

丁大尉：《补充抑或替代？STS 视野下的信息通信技术与科学知识生产》，《自然辩证法研究》2010 年第 7 期。

丁大尉、钟灿涛：《NIH 强制性开放获取政策实施中的利益博弈——基于多元行动者交互作用的分析视角》，《图书情报工作》2013 年第 6 期。

丁大尉、李正风：《科学信息的开放存取与知识的公有性信念》，《科学学研究》2011 年第 10 期。

丁大尉、李正风：《网络环境下当代科学共同体的虚拟重构》，《自然辩证法研究》2014 年第 3 期。

丁大尉、李正风：《我国当代科学交流体系中的“数字鸿沟”问题研究》，《自然辩证法通讯》2014 年第 3 期。

丁大尉、胡志强、王衍行：《网络信息共享与当代知识生产的新特征——基于 arXiv 知识共享机制的分析》，《科学学研究》2014 年第 4 期。

丁大尉：《科学信息开放获取模式的 STS 考察》，《图书情报工作》2015 年第 24 期。

丁大尉：《网络信息空间中知识共享机制的 STS 考察》，《自然辩证法研究》2016 年第 1 期。

窦荣军：《在线学术交流环境设计与研究》，硕士学位论文，上海师范大学 2006 年版。

方卿、徐丽芳：《科学信息交流研究——载体整合与过程重构》，武汉大学出版社 2005 年版。

付晚花、肖冬梅：《美国 NIH 公共获取政策及对我们的启示》，《图书馆杂志》2008 年第 10 期。

高丹、蓝芳：《跨越国内数字鸿沟的策略》，《图书馆理论与实践》2002 年第 4 期。

高亚春：《数据库：信息方式下的“超级全景监狱”》，《自然辩证法研究》2008 年第 1 期。

龚旭：《科学政策与同行评议》，浙江大学出版社 2009 年版。

郭建：《数据库特殊权利保护的检视与反思》，《图书馆现代技术》2006 年第 1 期。

洪伟：《公有主义和保密行为——科学研究的学术模型和市场模型述评》，《科学学研究》2010 年第 3 期。
胡鞍钢、周绍杰：《中国如何应对日益扩大的“数字鸿沟”》，《中国工业经济》2002 年第 3 期。
胡剑：《数字鸿沟对发展中国家的影响及对策分析》，《现代计算机》2002 年第 7 期。
黄凯文、刘芳：《网络科学信息资源的“公开获取运动”的模式与方法》，《大学图书馆学报》2005 年第 5 期。
黄凯文：《科学信息的“公开获取”问题研究》，《向数字化转型的图书馆工作》（会议论文），2004 年。
黄如花、张静：《Elsivier 收录期刊可开放获取情况的调查与分析》，《中国图书馆学报》2009 年第 2 期。
黄少华、韩瑞霞：《全球化背景下：中国东西部地区的数字鸿沟》，《兰州大学学报（社会科学版）》2004 年第 2 期。
黄时进：《论科学传播受众的网络时代特征——基于布尔迪厄场域理论的视角》，《学术界》2008 年第 2 期。
贾萨诺夫等编：《科学技术论手册》，盛晓明等译，北京理工大学出版社 2004 年版。
科尔：《巫毒社会学：科学社会学最近的发展》，刘华杰译，《哲学译丛》2000 年第 2 期。
科尔等：《科学界的社会分层》，赵佳苓等译，华夏出版社 1988 年版。
克兰：《无形学院——知识在科学共同体的扩散》，刘珺珺等译，华夏出版社 1988 年版。
兰开斯特：《通向无纸情报系统》，庄子逸等译，科学技术文献出版社 1988 年版。
李春旺：《网络环境下学术信息的开放获取》，《中国图书馆学报》2005 年第 1 期。
李国红：《论科学交流的基本形式及其发展》，《情报探索》2006 年第 9 期。
李建辉等：《学术期刊的 OA 模式及其对学术交流系统的影响》，《中华医学图书情报杂志》2009 年第 4 期。
李景峰：《信息与传播》，科学出版社 2004 年版。
李麟：《2005 年全球开放获取事业回顾》，《数字图书馆论坛》2006 年第 7 期。

李三虎:《技术决定还是社会决定:冲突和一致》,《探求》2003 年第 1 期。
李武:《开放获取期刊》,《出版经济》2005 年第 1 期。
李湘东、徐军、沈祥兴:《基于数字出版的科学交流系统机制创新研究》,《出版科学》2008 年第 6 期。
李雪松、张丽萍:《高校图书馆数据库建设中信息网络传播权探讨》,《情报探索》2010 年第 11 期。
李正风、丁大尉:《信息通信技术对科学知识生产方式的影响》,《自然辩证法通讯》2009 年第 6 期。
李正风:《"实践建构论"与理解科学的新视野》,《自然辩证法研究》2007b 年第 7 期。
李正风:《从"Science of Science"到"Science and Technology Studies"——研究范式演进的历史考察》,《科学学与科学技术管理》2010 年第 5 期。
李正风:《科学与政治的结合:必然性与复杂性》,《科学学研究》2000 年第 2 期。
李正风:《科学知识生产的动力——对默顿科学奖励理论的批判性考察》,《哲学研究》2007 年第 12 期。
李正风:《科学知识生产方式及其演变》,清华大学出版社 2006 年版。
李正风:《实践建构论:对一种科学观的初步探讨》,《哲学研究》2006 年第 1 期。
李正风:《塑造政府与科学之间的新型关系》,《中国软科学》2006 年第 6 期。
李正风:《再论科学的规范结构》,《自然辩证法通讯》2006 年第 5 期。
利奥塔:《后现代状况——关于知识的报告》,岛子译,湖南美术出版社,1996 年版。
梁永霞:《引文分析学的知识计量研究》,博士学位论文,大连理工大学,2008 年。
刘钢:《从信息的哲学问题到信息哲学》,《自然辩证法研究》2003 年第 1 期。
刘钢:《通向信息哲学的东方之路》,《哲学研究》2005 年第 9 期。
刘辉:《网络环境下开放获取期刊的现状和评价》,《深圳特区科技》2005 年第 z1 期。
刘珺珺:《科学社会学》,上海人民出版社 1990 年版。

刘筱敏、张建勇:《数字资源获取对科学研究的影响》,《文献资源建设》2009 年第 1 期。
刘奕群:《搜索引擎技术基础》,清华大学出版社 2010 年版。
刘则渊:《科学学理论体系建构的思考——基于科学计量学的中外科学学进展研究报告》,《科学学研究》2006 年第 1 期。
刘兹恒:《信息媒体及其采集》,北京大学出版社 1998 年版。
罗瑟尔:《21 世纪初的科学交流》,刘北成译,《国际社会科学杂志(中文版)》2002 年第 2 期。
罗志勇:《知识共享机制研究》,北京图书馆出版社 2003 年版。
马尔凯:《科学与知识社会学》,林聚任等译,东方出版社 2001 年版。
马景娣:《社会科学开放访问期刊及其学术影响力研究》,《情报资料工作》2005 年第 2 期。
马克思、恩格斯:《马克思恩格斯全集》(第 39 卷),人民出版社 1974 年版。
毛牧然、陈凡:《论网络技术的价值二重性》,中国社会科学出版社 2008 年版。
米哈伊洛夫等:《科学交流与情报学》,徐新民等译,科学技术文献出版社,1983 年版。
莫少群:《电子网格与科学社会结构的变迁》,《科技进步与对策》2001 年第 2 期。
莫少群:《电子信息技术对科学活动影响的社会学考察》,《中国科技论坛》2001 年第 3 期。
默顿:《科学社会学——理论与经验研究》,鲁旭东,林聚仁译,商务印书馆 2004 年版。
默顿:《十七世纪英格兰的科学、技术与社会》,范岱年等译,商务印书馆 2007 年版。
倪波、霍丹:《信息传播原理》,书目文献出版社 1996 年版。
尼葛洛庞蒂:《数字化生存》,胡泳,范海燕译,海南出版社 1996 年版。
聂华:《全球开放获取运动的新进展——OpenAIRE - COAR 2014 年会的观察与思考》,《大学图书馆学报》2015 年第 2 期。
诺尔 - 塞蒂娜:《制造知识》,王善博译,东方出版社 2001 年版。
诺斯:《制度、制度变迁与经济绩效》,刘守英译,上海三联书店 2008 年版。
欧阳锋、徐梦秋:《科学规范与科学中的交换——默顿学派对科学规范论的丰富与发展》,《科学技术与辩证法》2007 年第 1 期。
庞景安:《科学计量研究方法论》,科学技术文献出版社 1999 年版。
彭冬莲、彭备芳:《缩小数字鸿沟——图书馆的作用与举措》,《图书馆》2005 年第 3 期。
彭霞:《数据库的法律保护》,《重庆工商大学学报》2011 年第 1 期。
普赖斯:《小科学,大科学》,宋剑耕等译,世界科学出版社 1982 年版。
齐国翠、石应江、李哲:《开放获取——学术期刊低成本高显示度的重要出版策略》,《中国科技期刊研究》2015 年第 7 期。
齐曼:《元科学导论》,刘珺珺等译,湖南人民出版社 1988 年版。
齐曼:《真科学》,曾国屏等译,上海科技教育出版社 2002 年版。
齐曼:《知识的力量——科学的社会范畴》,许立达等译,上海科学技术出版社 1985 年版。
乔冬梅:《e 印本书库——开放获取运动典型策略研究》,北京图书馆出版社 2006 年版。
秦珂:《开放获取的版权政策及其构建》,《图书馆工作与研究》2008 年第 1 期。
邱均平等:《改革开放 30 年来我国情报学研究论文内容分析》,《图书情报知识》2009 年第 3 期。
邵培仁:《传播学》,高等教育出版社 2008 年版。
司有和主编:《信息传播学》,重庆大学出版社 2007 年版。
宋恩梅:《基于信息共享的网络科学交流》,《图书情报知识》2006 年第 1 期。
孙和平、盛晓明:《论“虚拟实在”对“科学实在”的内在化》,《哲学研究》2006 年第 4 期。
孙利娟、王华芳:《开放获取数据库现状与面临的挑战分析》,《科技情报开放与经济》2009 年第 4 期。
孙梁:《赛博空间的科学哲学思考》,《山东农业大学学报》(社会科学版)2005 年第 1 期。
孙希波:《开放获取对学术交流系统的影响》,《现代情报》2009 年第 10 期。
托马斯·库恩:《科学革命的结构》,金吾伦、胡新和译,北京大学出版社 2003 年版。
王静:《期刊数据库版权问题研究》,硕士学位论文,武汉大学,2004 年。
王克君:《从科学史看无形学院对科学发展的作用》,《东北大学学报》

（社会科学版）2001 年第 2 期。
王琳：《网络环境下科学信息交流模式的栈理论研究》，《图书情报知识》2004 年第 1 期。
魏宇清：《图书馆如何在现代科学交流体系中发挥作用》，《图书馆工作与研究》2007 年第 2 期。
邬焜：《信息哲学的基本理论及其对哲学的全新突破》，《西安交通大学学报》（社会科学版）2006 年第 2 期。
邬焜：《信息哲学——理论、体系、方法》，《商务印书馆》2005 年版。
邬焜：《亦谈什么是信息哲学与信息哲学的兴起》，《自然辨证研究》2003 年第 10 期。
吴彤等：《复归科学实践——一种科学哲学的新反思》，清华大学出版社 2010 年版。
吴慰慈、董焱：《图书馆学概论》，国家图书馆出版社 2008 年版。
吴永忠：《国际 STS 研究范式的演化》，《自然辩证法研究》2009 年第 12 期。
吴越等：《机构知识库相关政策研究——基于北京大学机构知识库的思考与探索》，《大学图书馆学报》2014 年第 2 期。
西斯蒙多：《科学技术学导论》，许为民等译，上海世纪出版社 2007 年版。
肖冬梅：《版权的争取、让渡与公共信息权利保障》，《中国图书馆学报》2006 年第 4 期。
肖峰：《e - Science 与科学哲学的新课题》，《科学技术与辩证法》2006 年第 4 期。
肖峰：《信息、文化与文化信息主义》，《自然辩证法通讯》2010 年第 2 期。
肖峰：《信息主义的多种含义》，《哲学动态》2009 年第 12 期。
肖峰：《走向信息技术哲学》，《自然辩证法研究》2008 年第 1 期。
徐瑞萍：《信息时代信仰的十字架——信息崇拜的科学哲学分析》，《自然辩证法研究》2005 年第 5 期。
徐宗玲：《“数字鸿沟”的比较分析与政策思考》，《广东社会科学》2002 年第 4 期。
阎毅等：《信息科学技术导论》，华中科技大学出版社 2008 年版。
叶继红：《学术网站实行网络论文质量控制的必要性与可行性——以“中国科技论文在线”为例》，《自然辩证法研究》2010 年第 1 期。
于衍平：《信息数字化对科学认识的扩展》，《自然辩证法研究》1997 年第

12 期。
袁军荣：《数据库技术的伦理向度及其对社会的重构》，硕士学位论文，华中科技大学，2006 年。
翟杰全：《让科技跨越时空：科技传播与科技传播学》，北京理工大学出版社 2002 年版。
张俊玲、王秀英：《数据库原理与应用》，清华大学出版社 2010 年版。
张联锋：《谈我国数字鸿沟的弥合问题》，《大学图书情报学刊》2005 年第 2 期。
张晓林等：《研究图书馆推进开放获取的战略与实践——以国家科学图书馆为例》，《图书情报工作》2013 年第 1 期。
张新鹤，刘晓霞：《我国科研人员参与科学信息资源开放获取的调查研究》，《图书情报工作》2014 年第 20 期。
赵伯兴：《论网络环境下用户科学交流的特点及服务对策》，《图书情报工作》1999 年第 9 期。
赵禁：《学术信息开放获取与图书馆服务》，《图书馆学研究》2006 年第 4 期。
赵万里、翟丽宏：《电子网络与科学工作的社会结构——对科学交流系统技术变迁的社会学透视》，《自然辩证法研究》1998 年第 7 期。
中国科学技术信息研究所：《中国科技论文统计结果》（2009），2010 年。
中国科技统计年鉴 2009》，中国统计出版社 2010 年版。
朱伟珏：《信息社会学理论概述》，《国外社会科学》2005 年第 5 期。

英文文献

Albert K. M., "Open Access: Implications for Scholarly Publishing and Medical Libraries", *Journal of the Medical Library Association*, 2006 (3): 253 – 262.
Ammon J., et al. Martin., "The Economic Benefits of Publicly Funded Basic Research: A Critical Review", *Research Policy*, 2001 (30): 509 – 532.
Arunachalam S., "Information and Knowledge in the Age of Electronic Communication: A Developing Country Perspective", *Journal of Information Science*, 1999 (6): 465 – 476.
Arzberger P., Schroeder P., Beaulieu A., Bowker G., Casey K., Laaksonen L., Moorman D., Uhlir P. and Wouters P., "Promoting Access to

Public Research Data for Scientific, Economic, and Social Development", *Data Science Journal*, 2004 (3): 135 – 152.

Association of College and Research Libraries., "Principles and Strategies for the Reform of Scholarly Communication", http://www. ala. org/ala/acrl/acrlpubs/whitepapers/principlesstrategies. htm, 2006. (a ccessed September 26, 2009).

Bankier J. G., Perciali I., "The Institutional Repository Rediscovered: What Can a University Do for Open Access Publishing?", *Serial Reviews*, 2008 (1): 21 – 26.

Barber B., *Science and the Social Order*, New York: Macmillan Press, 1952.

Bar – Ilan J., Fink N., "Preference for Electronic Format of Scientific Journals—A Case Study of the Science Library Users at the Hebrew University", *Library & Information Science Research*, 2005 (27): 363 – 376.

Ben – David J., Sullivan T. A., "Sociology of Science", *Annual Review of Sociology*, 1975 (1): 203 – 222.

Borgman C. L., Furner J., "Scholarly Communication and Bibliometrics", *Annual Review of Information Science and Technology*, 2002 (36): 3 – 4.

Borgman C. L., *Scholarship in the Digital Age—Information, Infrastructure, and the Internet*, MIT Press, 2007.

Bowden G., *Coming of Age in STS: Some Methodological Musings*, in Jasanoff S et al. eds., *Handbook of Science and Technology Studies*, Sage Publications, 1995.

Braun D., "Lasting Tensions in Research Policy – making a Delegation Problem", *Science and Public Policy*, 2003 (5): 309 – 321.

Brooks S., Donovan P. and Rumble C., "Developing Nations, the Digital Divide and Research Databases", *Serials Review*, 2005 (31): 270 – 278.

"Budapest Open Access Initiative, FAQ", http://www. earlham. edu/ ~ peters/fos/boaifaq. htm, accessed January 16, 2011.

Burg J., et al., "The State of the Art in Interactive Multimedia Journals for Academic", *Interactive Multimedia Electronic Journal of Computer – enhanced Learning*, 2000 (2): 37 – 42.

Castells M., *The Rise of the Network Society*, Blackwell, 1996.

Chan L., Kirsop B., "Open Archiving Opportunities for Developing Countries: Towards Equitable Distribution of Global Knowledge", http://

www. ariadne. ac. uk/issue30/oai – chan/intro. html. ,Visited March, 2011.

Chen C. , McCain K. , White H. , Mapping "Scientometrics" (1981 – 2001), Proceedings of the ASIST Annual Meeting, 2002 (39): 25 – 34.

Chen C. , "CiteSpace Ⅱ: Detecting and Visualizing Emerging Trends and Transient Patterns in Scientific Literature", *Journal – American Society for Information Science and Technology*, 2006 (3): 359.

Cheney D. W. , "Information Technology, Science and Public Policy", PhD Dissertation, George Mason University, 2007.

Chien Y. T. , *The Impact of the Internet on University – Based Research and Innovation in the United States and Japan*//Branscomb L. M,, et al. Eds. , *Industrializing Knowledge: University – Industry Linkages in Japan and the United States*, MIT Press, 1999: 439 – 470.

Chubin D. E. , Hackett E. J. , *Peerless Science: Peer Review and U. S. Science Policy*, State University of New York Press, 1990.

Cole R. , Cole S. , *Social Stratification in Science*, University of Chicago Press, 1973.

Cole S. , Cole R. , "Chance and Consensus in Peer Review", *Science*, 1981 (214): 881 – 886.

Darnton R. , *The New Age of the Book*, New York Review of Books, 1999.

Davis P. M. , "Author – choice Open Access Publishing in the Biological and Medical Literature: A Citation Analysis", *Journal of the American Society for Information Science and Technology*, 2008 (1): 3 – 8.

Dazey M. , Parks B. , "Thoughts on Open Access: An Interview with Diane Graves", *Serials Review*, 2010 (36): 112 – 115.

Dewar J. A. , *The Information Age and the Printing Press: Looking Backward to See Ahead. RAND Online Papers*, RAND Corp. , 1998.

Dominguez M. B. , "Economics of Open Access Publishing", *Serials Review*, 2006 (1): 52 – 60.

Etzkowitz H. , Leydesdorff L. , "The Triple Helix of University – industry – government Relations: A Laboratory for Knowledge Based Economic Development", *EASST Review*, 2004 (1): 14 – 19.

Etzkowitz H. , Peters L. , "Profit form Knowledge: Organizational Innovation and Normative Change in American University", *Minerva*, 1991 (2): 133 – 166.

Etzkowitz H. , "The Norms of Entrepreneurial Science: Cognitive Effects of the New University – Industry Linkages", *Research Policy*, 1998(27): 823 – 833.

Federal Ministry of Education and Research, "Strengthening Germany's Role in the Global Knowledge Society – Strategy of the Federal Government for the International of Science and Research", 2008.

Frandsen T. F. , "Scholarly Communication Changing: The Implications of Open Access", Ph D. Royal School of Library and Information Science, Denmark, 2009.

Frandsen T. F. , "The Effects of Open Access on Un – published Documents: A Case Study of Economics Working Papers", *Journal of Informetrics*, 2009 (3): 124 – 133.

Freeman L. C. , "The Impact of Computer Based Communication on the Social Structure of an Emerging Scientific Speciality", *Social Networks*, 1984 (6): 201 – 221.

Fry J. , Talja S. , "The Intellectual and Social Organization of Academic Fields and the Shaping of Digital Resources", *Journal of Information Science*, 2007 (2): 115 – 133.

Fry J. , "The Cultural Shaping of Scholarly Communication within Academic Specialisms", Ph D. Thesis, University of Brighton, 2003.

Fry J. , "The Culture Shaping of ICTs within Academic Fields: Corpus – based Linguistics as a Case Study", *Literary and Linguistic Computing*, 2004 (3): 303 – 319.

Gaillard J. , *The Behaviour of Scientists and Scientific Communities*//Jean – Jacques S. , et al. Eds. , *The Uncertain Quest: Science, Technology and Development*, Tokyo: The United Nations University Press, 1994: 201 – 236.

Garfield E. , Sher I. H. , "New Factors in the Evaluation of Scientific Literature Through Citation Indexing", *American Documentation*, 1963 (3): 195 – 201.

Garfield E. , "Citation Indices for Science", *Science*, 1955 (122): 109 – 110.

Garvey W. D. , *Communication: The Essence of Science*, Pergamon Press, 1979.

Ginsparg P. , "First Steps Towards Electronic Research Communication", *Computers in Physics*, 1994 (4): 390 –395.

Gresham J. L. , "From Invisible College to Cyberspace College: Computer Conferencing and the Transformation of Informal Scholarly Communication Networks", *Interpersonal Computing and Technology*, 1994 (4): 37 –52.

Guedon J. – C. , *Why are Electronic Publications Difficult to Classify? The Orthogonality of Print and Digital Media*//Association of Research Libraries. Eds. , *Directory of Electronic Journals*, Newsletters and Academic Disccussion Lists, 1994.

Guston D. H. , Keniston K. , *Introduction: The Social Contract for Science*// Guston D. H. and Keniston K. Eds. , *The Fragile Contract: University Science and the Federal Government*, MIT Press, 1994: 1 –41.

Guston D. H. , *Between Politics and Science: Assuring the Integrity and Productivity of Research*, Cambridge University Press, 2000.

Hackett E. J. , "Science as A Vocation in The 1990s: The Changing Organizational Culture of Academic Science", *The Journal of Higher Education*, 1990 (61): 241 –279.

Hagstrom W. O. , *The Scientific Community*, New York Basic Books, 1965.

Hajjem C. , Harnad S and Gingras Y. , "Ten – Year Cross – Disciplinary Comparison of the Growth of Open Access and How it Increases Resarch Citation Impact", IEEE Data Engineering Bulletin, 2005 (4): 39 –47.

Hall G. , *Digitize this Book! The Politics of New Media or Why We Need Open Access Now*, University of Minnesota Press, 2008.

Harnad S. , "Scholarly Skywriting and the Prepublication Continuum of Scientific Inquiry", *Psychological Science*, 1990 (1): 342 –343.

Harnad S. , "Learned Inquiry and the Net: The Role of Peer Review, Peer Commentary, and Copyright", *Learned Publishing*, 1998 (4): 183 – 192.

Heimeriks G. , et al. , "Analyzing Hyperlinks Networks: The Meaning of Hyperlink Based Indicators of Knowledge Production", *Cybermetrics*, 2006 (1) .

Heimeriks G. J. , Horlesberger M. , Besselaar P. , "Mapping Communication and Collaboration in Heterogeneous Research Networks", *Scientometrics*, 2003 (2): 391 –413.

Heimeriks G. J. , "Knowledge Production and Communication in the Information Society. Mapping Communications in Heterogeneous Research Networks", PhD Dissertation, University of Amsterdam, 2005.

Heimeriks G. , Besselaar P. , Frenken K. , "Digital Disciplinary Differences: An Analysis of Computer – mediated Science and "Mode 2" Knowledge Production", *Research Policy*, 2008 (37): 1602 –1615.

Heimeriks G. , Vasileiadou E. , "Changes or Transition? Analysing the use of ICTs in Science", *Social Science Information*, 2008 (1): 5 –29.

Hilgartner S. , "Biomolecular Databases: New Communication Regimes for Biology?", *Science Communication*, 1995 (17): 240 –263.

Hine C. , *Systematics as Cyberscience – Computer, Change, and Continuity in Science*, The MIT Press, 2008.

Hine C. Eds. , *New Infrastructures for Knowledge Production: Understanding E – Science*, London: Information Science Publishing, 2006.

Hine C. Eds. , *Virtual Methods – Issues in Social Research on the Internet*, Oxford: Berg Editorial Offices, 2005.

Jane Lubchenco, Entering the Century of the Environment: A New Social Contract with Science, *Science*, 1998 (23): 491 –497.

Jankowski N. Eds. , *E – Research: Transformation in Scholarly Practice*, Routledge, 2009.

Jia X. , "The Past, Present and Future of Scientific and Technical Journals of China", *Learned Publishing*, 2006 (2): 133 –141.

Ji – Hong Park. , "The Relationship between Scholarly Communication and Science and Technology Studies (STS)", *Journal of Scholarly Publishing*, 2008 (3): 257 –273.

Jochen G. , "What Internet Use Does and Does not Change in Scientific Communities", *Science Studies*, 2003 (1): 38 –51.

Kaiser J. , "Scientists Ambivalent About Open Access", http: //news. sciencemag. org/scientific – community/2013/11/scientists – ambivalent – about – open – access, 2015 –07 –02.

Kircz J. G. , Roosendaal H. E. , *Understanding and Shaping Scientific Information Transfer//Electronic Publishing in Science – Proceedings of the Joint ICSU Press – UNESCO Expect Conference*, Paris, 1996: 106 –116.

Kirshop B. , Chan L. , "Transforming Access to Research Literature for Developing Countries", *Serials Review*, 2005 (4): 246 – 255.

Kline R. R., "Cybernetics, Management Science and Technology Policy: The Emergence of 'Information technology' as a Keyword", *Technology and Culture*, 2006 (3): 513 – 534.

Kling R., McKim G., "Electronic Media and Scientific Communication: Opportunities, Complexities and Limitations", *Consultancy Paper for OECD*, *Indiana University School of Library and Information Science*, 1997.

Kling R., Lamb R., *Analyzing Alternate Visions of Electronic Publishing and Digital Libraries*, in Peek R. P. and Newby G. B. Eds., *Scholarly Publishing: The Electronic Frontier*, London: The MIT Press, 1996.

Kling R., McKim G. and Kling A., "A bit More to it: Scholarly Communication forums as Socio – technical Interaction Networks", *Journal of the American Society for Information Science*, 2003 (1): 47 – 67.

Kling R., McKim G., "Scholarly Communication and the Continuum of Electronic Publishing", *Journal of the American Society for Information Science*, 1999 (10): 890 – 906.

Kling R., McKim G., "Not Just a Matter of Time: Field Differences and the Shaping of Electronic Media in Supporting Scientific Communication", *Journal of the American Society for Information Science*, 2000(14): 1306 – 1320.

Kling R., Spector L. and McKim G., "Locally Controlled Scholarly Publishing Via the Internet: The Guild Model", *Journal of Electronic Publishing*, 2002.

Knorr – Cetina K., *Epistemic Cultures – How the Science Make Knowledge*, Harvard University Press, 2003.

Kuchma I., Open Access, Equity, and Strong Economy in Developing and Transition Countries: Policy Perspective, *Seiral Reviews*, 2008 (1): 13 – 20.

Latour B., Woolgar S., "Laboratory Life", Princeton University Press, 1986.

Lawlor B., "Abstracting and Information Services: Managing the Flow of Scholarly Communicaton—Past, Present, and Future", *Serials Review*, 2003 (29): 200 – 209.

Lewenstein B. V., "Do Public Electronic Bulletin Boards help Create Scientific

Knowledge: The Cold Fusion Case", *Science, Technology & Human Values, 1995 (2): 123 - 149.*

Lievrouw L. A., *Reconciling Structure and Process in the Study of Scholarly Communication*//Borgman C. L. Eds., *Scholarly Communication and Bibliometrics*, Newbury Park, Sage Publications, 1990: 59 - 69.

Lynch C. A., *Open Computation: Beyond Human - Reader - Centric Views of Scholarly Literatures*//Jacobs N. Eds., *Key Strategic, Technical, and Economic Aspects*, Chandos, 2006.

McCabe M. J., "Journal Pricing and Mergers: A Portfolio Approach", *American Economic Review*, 2002 (92): 259 - 269.

Meadows A. J., *Communicating Research*, San Diego, Academic Press, 1998.

Merton R. K., *The Sociology of Science*, University of Chicago Press, 1973.

Merton R. K., *The Normative Structure of Science*//in Merton, Robert K. (ed.), *The Sociology of Science*, The University of Chicago Press, 1942.

Merz M., Knorr - Cetina K., "Deconstruction in a 'Thinking' Science: Theoretical Physicists at Work", *Social Studies of Science*, 1997 (27): 73 - 111.

Michael Polanyi, *The Logic of Liberty*, London: Routledge, 1951.

Miller J. P. Eds., *Emerging Issues in the Electronic Environment: Challenges for Librarians and Researchers in the Sciences*, The Haworth Information Press, 2004.

Murray - Rust P., "Open Data in Science", *Serial Reviews*, 2008(1): 52 - 64.

"National Science Foundation. Revolutionizing Science and Engineering Through Cyberinfrastructure", *Report of the National Science Foundation Blue - Ribbon Advisory Panel on Cyberinfrastructure*, 2003.

Nentwich M., *Cyberscience: Research in the age of the Internet*, Vienna: Austrian Academy of Sciences Press, 2003.

Nentwich M., "Re - commodification in Academic Knowledge Distribution?", *Science Studies*, 2001 (2): 21 - 42.

Nentwich M., "The European Research Papers Archive: Quality Filters in Electronic Publishing", *Journal of Electronic Publishing*, 1999 (1).

Mike Taylor, "Open Peer Review to Save the World", http: //www. slideshare. net/OpenAIRE_ eu/openaire – coar – conference – 2014 – 35530414, 2014 –08 –12.

OECD, " Declaration on Access to Research Data from Public Funding", January in Paris, 2004, available at: http: //www. oecd. org/document/0, 2340, en_ 2649_ 34487_ 25998799_ 1_ 1_ 1_ 1, 00. html, 2004. (accessed February 16, 2011).

OECD, "Science, Technology and Industry Outlook 1998—Chapter 7: The Global Research Village: How Information and Communication Technologies Affect the Science System", Paris, 1998.

OECD, "Understanding the Digital Divide", Paris, 2001.

OECD, "Declaration on Access to Research Data from Public Funding", http: //www. open – access. net. cn/5f00653e83b753 d665874ef6/oecd – declaration – on – access – to – research – data – from – public – funding, Accessed March 15, 2011.

Okerson A., "Open Access: Reflections from the United States", *Serials: the Journal for the Serials Community*, 2005, 18 (1): 20 –25.

Ortelbach B., Schulb S. and Hagenhoff S., "Journal Prices Revisited: A Regression Analysis of Prices in the Scholarly Journal Market", *Serials Review*, 2008 (3): 190 –198.

Owen J. M., "The New Dissemination of Knowledge: Digital Libraries and Institutional Roles in Scholarly Publishing", *Journal of Economic Methodology*, 2002 (3): 275 –288.

Paisley W., *Communication in the Communication Sciences*//Dervin B., Voigt M. J. Eds., *Progress in Communication Sciences*, 1984: 1 –43.

Reichman J. H., Uhlir P. F., " A Contractually Resconstructed Research Commons for Scientific Data in a Highly Protectionist Intellectual Property Environment", *Law and Contemporary Problems*, 2003 (1 –2): 315 – 462.

Rosenbaum H., *In the Trenches of the Digital Revolution: Intellectual Freedom and the "Public" Digital Library*, ASIS, MidYear Conference: Contributed Paper, 1996.

Ross T., Ross M., "Complete Guide to Self Publishing: Everything You Need to Know to Write, Publish, Promote, and Sell Your Own Book (Self – Publishing 4 th Edition)", Writer's Digest Books, 2002.

Royster P. , "Publishing Original Content in an Institutional Repository", *Serial Reviews*, 2008 (1): 27 –30.

Schroder P. , *Digital Research Data as Floating Capital of the Global Science System*// Wouters P. , Schroder P. Eds. , *Promise and Practice in Data Sharing*, Amsterdam: Niwi – Knaw, 2003: 7 – 12.

Seadle M. , "Copyright in the Networked World: Author's Rights", *Library HiTech*, 2005 (1): 130 – 136.

Sely Maria de Souda Costa, "The Impact of Computer Usage on Scholarly Communication Amongst Academic Social Scientist", PhD. Loughborough, Leics. , England, 1999.

Shao X. , Scherlen A. "Perceptions of Open Access Publishing among Academic Journal Editors in China", *Serial Reviews*, 2007 (33): 114 – 121.

Slaughter S. , Rhoades G. , "The Emergence of a Competitiveness Research and Development Policy Coalition and the Commercialization of Academic Science and Technology", *Science*, *Technology and Human Values*, 1996 (21): 303 –339.

Smith R. , "Editorial: Opening up BMJ peer Review, A Beginning that Should Lead to Complete Transparency", *British Medical Journal Online*, 1999 (318): 4 –5.

Solingen E. , "Between Markets and the State: Scientists in Compatative Perspective", *Comparative Politics*, 1993 (1): 31 –51.

Storer N. W. , "The Social System of Science", *Holt*, *Rinehart*, *and Winson*, 1996.

Suber P. , "A Very Brief Introduction to Open Access", http: //www. earlham. edu/ ~ peters/fos/brief. htm. accessed December 6, 2010.

Suber P. , "Removing the Barriers to Research: An introduction to Open Access for Librarians", *College & Research Libraries News*, 2003 (2): 92 – 94, 113.

Suber P. , Arunachalam S. , "Open Access to Science in the Developing world", http: //www. earlham. edu/ ~ peters/writing/wsis2. htm, 2015 – 07 –02.

Tapscott D. , Lowy A. and Ticoll D. , "Blueprint to the Digital Economy: Creating Wealth in the Era of E – business", McGraw – Hill, 1998.

Tomlins C. L. , "The Wave of The Present: the Printed Scholarly Journal on the Edge of the Internet", *Journal of Scholarly Publishing*, 1998 (29): 133 - 150.

Walsh J. P., Bayma T., "The Virtual College: Computer - mediated Communication and Scientific Work", *The Information Society*, 1996 (4): 343 - 363.

Walsh J. P., Maloney N. G., "Computer Network Use, Collaboration Structures and Productivity", in Hinds P., Kiesler S. Eds., *Distributed Work*, MIT Press, 2002.

Walsh J. P., Roselle A., "Computer Networks and the Virtual College", *Science Technology Industry Review* (OECD), 1999 (24): 49 - 78.

Wellman B., Salaff J., Dimitrova D., Garton L., Gulia M. and Haythornthwaite C., "Computer Networks as Social Network: Collaborative Work, Telework, and Virtual Community", *Annual Review of Sociology*, 1996 (22): 213 - 238.

White H. D., McCain K. W., "Visualizing a Discipline: An Author Co - citation Analysis of Information Science, 1972 - 1995", *Journal of the American Society for Information Science*, 1998 (4): 327 - 355.

Willinsky J., "The Access Principle—The Case for Open Access to Research and Scholarship", MIT Press, 2006.

Woolgar S., "Social Shaping Perspectives on e - Science and e - Social Science", NCeSS Consultation Document (www. ncess. ac. uk), 2004.

Woolgar S., "Virtual Society? Technology, Cyberbole, Reality", Oxford University Press, 2002.

Wouters P., Vann K., Scharnhorst A., Ratto M., Hellsten I., Fry J. and Beaulieu A., "Messy Shapes of Knowledge - STS Explores Information, New Media, and Academic Work", The Virtual Knowledge Studio// Hackett E. J., Amsterdamska O., Lynch M. and Wajcman J. Eds., *The Handbook of Science and Technology Studies*, Cambridge: MIT Press, 2008: 319 - 352.

Wright K., Light K. and Stirk L., "What's on the Web? Open Access Research", *Health Serv Res Policy*, 2011 (1): 62 - 64.

Zelman A. G., "Mediated Communication and the Evolving Science System: Mapping the Network Architecture of Knowledge Production", The University of Amsterdam, 2002.

Zhao D. Z. , "Challenges of Scholarly Publications on the Web to the Evaluation of Science—A Comparison of Author Visibility on the Web and in Print Journals", *Information Processing and Management*, 2005(41): 1403 - 1418.

Zuckerman H. , "The Sociology of Science", in Smelser N. J. Eds. , *Handbook of Sociology*, Sage Publications, 1988: 511 - 574.